土壤重金属污染的生物安全评估与修复技术

刘菊梅　蒋山泉　彭　琴　司万童　等著

化学工业出版社
·北京·

内容简介

本书聚焦土壤重金属污染，整合了污染评估、风险预警与生物修复技术等领域的研究成果。书中首先通过解析污染程度及空间分布，评估其通过食物链对人群的健康风险；进而探究了对水生生物的毒性效应，分析了植被恢复对根际土壤的影响；最后介绍了土著富集植物筛选、根际微生物耐受机制及生物炭对重金属污染土壤的修复效果。

全书结合重庆某矿区进行实证研究，理论与实践结合，可为资源与环境领域科研、工程技术人员及高校相关师生提供参考，助力土壤重金属污染监控与生态修复。

本书部分彩色图表

图书在版编目（CIP）数据

土壤重金属污染的生物安全评估与修复技术 / 刘菊梅等著. — 北京 ：化学工业出版社，2025. 10.

ISBN 978-7-122-49298-2

Ⅰ. X53

中国国家版本馆 CIP 数据核字第 2025NA3187 号

责任编辑：徐　娟　　　文字编辑：冯国庆
责任校对：李雨晴　　　装帧设计：刘丽华

出版发行：化学工业出版社
（北京市东城区青年湖南街 13 号　邮政编码 100011）
印　　装：北京天宇星印刷厂
787mm×1092mm　1/16　印张 9½　字数 215 千字
2025 年 11 月北京第 1 版第 1 次印刷

购书咨询：010-64518888　　　售后服务：010-64518899
网　　址：http：//www.cip.com.cn
凡购买本书，如有缺损质量问题，本社销售中心负责调换。

定　　价：98.00 元

前言

土壤作为生态系统的核心载体，是维系人类生存与发展的物质基础。然而，随着工业化进程的加速，土壤重金属污染问题日益凸显，其中矿产资源开发引发的土壤重金属累积已成为制约区域生态安全和农业可持续发展的瓶颈。采煤迹地作为典型的重金属污染场地，其土壤中的镉、铅、铜等重金属通过地表径流、大气扬尘等途径向下游和周边扩散，不仅破坏土壤结构、降低土壤肥力，更会通过食物链富集威胁人类健康，对生态系统构成多重压力。因此，开展土壤重金属污染的生物安全评估与修复技术研究，对于污染场地的治理修复、生态功能的恢复重建以及区域可持续发展具有重要的理论价值和实践意义。

基于上述背景，本书以采煤迹地为研究场地，聚焦土壤重金属污染问题，系统整合了近年来在污染评估、风险预警与生物修复领域的研究成果，旨在为相关科研工作者、环境治理工程师及高校师生提供一套兼具科学性与实用性的参考资料。本书共分为8章，各章节既独立成篇又相互关联，形成完整的技术体系：第1章阐述了采煤迹地土壤重金属污染的现状、危害及研究意义，为全书奠定理论基础；第2章介绍了土壤重金属污染的监测方法与评价模型，包括单因子污染指数法、内梅罗综合污染指数法等；第3章重点分析了重金属通过食物链对人体健康的潜在威胁，建立了健康风险评估框架；第4章探讨了重金属污染对水生生物的毒性效应及生物监测技术；第5章揭示了重金属对土壤养分与酶活性的影响机制；第6章筛选出适用于污染土壤修复的耐性植物资源；第7章阐述了根际微生物对重金属的耐受机制及生物修复潜力；第8章介绍了生物炭等材料在重金属污染土壤修复中的应用方法与效果。

本书由重庆文理学院刘菊梅、蒋山泉、彭琴、司万童等著。具体分工为：司万童撰写第1章，蒋山泉撰写第2～5章，刘菊梅撰写第6、7章，彭琴撰写第8章。付聪（重庆环科源博达环保科技有限公司），李强（重庆文理学院）、唐渊哲（重庆文理学院）参与书稿整理，并参与了部分章节的插图绘制工作。全书由刘菊梅、蒋山泉、司万童、周雨杉（重庆文理学院）共同校稿，确保内容的准确性与严谨性。

本书的出版得益于多方支持：感谢重庆文理学院环境科学重庆市重点学科和国家一流专业建设点经费资助，为研究工作的开展提供了重要保障；感谢重庆市自然科学基金面上项目（CSTB2025NSCQ-GPX1105）、重庆市教委科学技术研究项目（KJQN202401307、

KJQN202301313）的资助，使相关研究成果得以顺利转化；感谢化学工业出版社各位工作人员的精心编辑与指导，从选题策划到内容打磨全程给予专业支持，确保了本书的出版质量。

由于土壤重金属污染修复领域研究进展迅速，加之著者水平有限，书中难免存在疏漏与不足之处，恳请读者批评指正，以期在后续研究中不断完善。

著者

2025 年 10 月

目录

第 7 章

矿区植物根际微生物对重金属的耐受性 / 70

第1章

绪论

土壤是地球表层生态系统的核心载体，承载着植物生长、物质循环和生物多样性维持等关键生态功能，是人类赖以生存的物质基础。土壤也是矿区污染重要的环境受体，一旦发生污染事件，将造成区域生态系统严重破坏。其修复过程在经济上耗资巨大且在技术上也存在相当的难度。同时，因采矿对生态环境破坏力强、影响范围大、持续时间久等特征已引起社会各部门的广泛关注。开发造成的环境污染呈“点-线-面”格局：如煤矿的住宅区、采煤场、矿口选煤厂及采煤迹地、废石场、尾矿、炸药库、污水处理厂呈点状分布，运料及对外简易公路、供水工程、尾矿输送管线等呈线状分布，断面开挖、“三废”的排放和影响区域呈面状分布，将对地表水和土壤环境质量以及周围地区生态环境构成严重威胁。

煤炭占我国一次能源消费的56.8%（2023年《中国能源统计年鉴》），年开采量达45亿吨。煤炭需求量的日益增加致使煤矿开采力度逐年增大。煤炭资源开发过程中会产生大量废水、废渣和粉尘，使得煤矿区成为重大的环境污染源之一，引起了广泛关注。目前土壤重金属污染已成为全球性环境问题，联合国环境规划署（UNEP）《2023全球土壤污染报告》指出，采矿活动导致全球12%耕地重金属超标，中国受污染矿区面积达3.6万平方千米，造成严重的经济损失。

1.1 废水排放导致的土壤污染问题

煤矿废水包括矿坑废水、选煤废水、洗煤废水等，常含有大量重金属离子。研究显示，酸性矿山排水含高浓度硫酸盐、Fe^{2+}及重金属（Cd、Pb、As），pH值可低至2～4，占矿区废水总量60%以上；洗煤废水含悬浮煤粉、有机药剂（如浮选剂）及重金属离子（Zn^{2+}、Cu^{2+}浓度可达100～500mg/L）；淋滤废水如煤矸石堆经雨水淋溶释放Cd、Cr等，研究显示单吨矸石年淋失重金属为0.5～2.0kg。与此同时，煤矿开采过程产生的煤矸石和尾矿随意弃置，氧化作用加剧尾矿中残留矿物和其他成分的淋滤迁移等作用，使煤矿区和周边地区土壤的矿物质以及重金属等有害元素含量增加，极易造成地表水和土壤生态系统污染。

1.2 固废排放导致的土壤污染问题

煤矿开采对土壤的污染主要是废渣堆积，这些废渣中的有毒有害成分渗入土壤中，造成土壤重金属、酸碱和有毒物质的污染问题。开采和加工所产生的环境污染物如粉尘、废水和重金属扩散导致周边生态系统退化。主要污染类型如下。

（1）重金属污染。煤矸石风化淋溶，以Cd、Pb、Cr为主，占污染源60%以上，还有采矿粉尘沉降，如As、Hg的大气迁移等。

（2）酸性污染。硫化物氧化致土壤pH值降至3.5～4.8，活化重金属可交换态，如Cd活性态提高40%以上。

（3）有机毒物。洗煤药剂（酚类、多环芳烃）渗入土壤，浓度可达背景值10倍以上。

上述复合污染最终导致土壤退化，如土壤微生物多样性降低、土壤酶活性受到抑制，以及可能导致作物毒性，如蔬菜根系Cd累积导致生物量下降、叶绿素合成受阻、氧化损伤作用增强。

1.3 土壤污染导致的粮食安全问题

联合国粮食及农业组织（FAO）数据显示，全球95%的粮食生产依赖土壤，而土壤质量的退化将直接威胁粮食安全与生态系统稳定。煤矿区重金属等污染物通过废水排放泄漏到环境中，在农作物和动植物体内富集，并通过食物链的传递而影响到人体健康乃至区域社会稳定。

研究显示，重金属在粮食中累积会导致粮食重金属超标，严重影响食品安全。人们长期食用这种受污染的粮食后，重金属会在人体内不断富集。比如，Cd进入人体后，会损害肾脏等器官，导致肾功能下降，引发蛋白尿等症状；铅会影响神经系统发育，尤其对儿童危害极大，可能造成智力发育迟缓、注意力不集中等问题。

再者，煤矿开采产生的废气中含有大量SO_2、氮氧化物和粉尘等污染物。这些污染物排放到大气中，不仅会形成酸雨，酸雨降落到农田中，会改变土壤酸碱度，影响土壤中养分的有效性，进而影响农作物生长，降低粮食质量。而且大气中的污染物还会通过干湿沉降等方式进入土壤和水体，进一步加重对粮食生产环境的污染。对于人体健康而言，长期暴露在被污染的空气中，人们极易患上呼吸系统疾病，如咳嗽、哮喘、支气管炎等，严重时甚至会引发肺癌等恶性疾病。

另外，煤矿废水排放也是一大问题。煤矿废水通常呈酸性，且含有大量重金属和有害物质。若未经有效处理直接排入周边水体，会造成水体污染。一方面，污染的水用于灌溉，会使农作物生长受阻，导致粮食减产；另一方面，污染水体中的有害物质会通过食物链传递给人体，损害人体健康，如引发肠胃疾病、重金属中毒等。

1.4 采矿迹地遗留的环境污染问题

采煤迹地作为煤矿开采后的遗留区域，其土壤重金属污染具有来源复杂、污染程度深、扩散范围广的特点：煤矸石经风化淋溶释放 Cd、Pb、Cr 等重金属，通过地表径流污染周边农田；采矿扬尘中的重金属通过大气沉降进入土壤-植物系统；煤矿废水渗漏导致地下水与土壤复合污染。重庆作为我国西南地区煤炭主产区，百年开采历史在当地形成了大量的采煤迹地。

目前，国内有些地方采煤迹地的管理松散，一般无警示带和隔离带。而且采煤迹地污染水体经过长期沉淀后，受污染水体看上去较为清澈。采煤迹地周边居民和家畜意识不到危险，经常在采煤迹地区域耕作和觅食，这增加了污染物通过食物链进入家畜和人体的概率，加速了污染物二次扩散，危害人体健康。采矿迹地严峻的污染形势亟待相关部门和研究人员对污染物进行有效监控。

1.5 土壤污染评估与生物修复技术

当前，土壤重金属污染修复已成为我国生态文明建设的迫切需求。《土壤污染防治行动计划》（简称“土十条”）明确提出，到 2030 年实现受污染耕地安全利用率达到 95%以上。生物修复技术因成本低、环境友好、可原位实施等优势，成为污染土壤治理的主流方向。然而，现有研究存在三大瓶颈：一是区域污染特征与修复技术不匹配，如西南煤矿区酸性土壤与北方碱性土壤的修复技术差异显著；二是单一修复技术效率有限，植物-微生物-材料联合修复的协同机制尚未明晰；三是风险评估体系不完善，缺乏从污染监测到健康预警的全链条技术支撑。

土壤重金属污染评估是修复工程的前提，核心在于明确污染程度、空间分布与化学形态。国际上已形成多种评价方法，如下所示。

单因子污染指数法：通过污染物实测浓度与背景值的比值，判断单一元素污染程度，广泛应用于污染初期筛查。

内梅罗综合污染指数法：兼顾污染物平均浓度与最大浓度，突出高浓度污染物的贡献，适用于复合污染评价。

潜在生态风险指数法：结合重金属毒性系数，量化生态危害程度，在欧洲矿区污染评估中应用广泛。

重金属健康风险评估法：聚焦“暴露-效应”关系。美国国家环境保护局（USEPA）提出的健康风险模型（RAGS）通过计算日均摄入量（DIE）和危害商（HQ），量化人群暴露风险，已成为国际通用框架。

基于上述背景，本书以重庆渝西某煤矿区为研究对象，系统整合污染评估、风险预警与生物修复技术研究成果，构建“污染诊断-风险评估-修复实践”的技术体系，为西南地区煤矿迹地土壤重金属污染治理提供理论依据与技术支撑，具有重要的科学价值与应用前景。

第2章

土壤重金属污染程度及其特征

煤矿资源是我国重要的自然资源，其采矿活动对周边生态环境造成严重影响。煤矿山的开发使得大量煤矸石堆积如山，占用大片土地资源，不仅使地形地貌发生改变，还导致土壤重金属积累、植被破坏，影响生态平衡。因此，加强煤矿周边土壤重金属污染监测、研究重金属积累对煤矿区土壤环境的影响具有重要意义。

已有较多研究表明，煤矿开发对当地生态破坏和环境污染非常严重，如：河南某煤矿的开采已经引起多种重金属累积，其中Pb的累积程度最高，是河南土壤背景值的5.07倍；在探究重金属来源时发现准东煤田某露天矿区土壤中的Hg和As主要来源于煤炭燃烧的释放；运用内梅罗综合污染指数对北京某煤矿区土壤重金属污染程度进行评价显示，土壤中Zn、Pb、Hg、Cu、Cr、Cd和As的综合污染程度已经达到中度污染；测定了永城某煤矿区周围土壤重金属含量，结果显示该地区土壤Cd元素相比河南省土壤背景值富集程度极高。

诸多研究显示，煤矿开采使大量煤矸石长期堆积于地表，在物理风化和化学风化的作用条件下，固体废物中的重金属元素不断向周边土壤释放、迁移和转化；雨水淋溶作用等对煤矸石周边土壤中Pb的溶出率较高，使得Pb在煤矿区土壤中容易发生转移，极易进入环境对生态系统造成严重破坏。这些微量有害重金属元素进入土壤后不断积累，对土壤养分、土壤酶活性均有不同程度的影响，且对土壤酶活性的影响较大。重金属污染会抑制土壤微生物的活性，影响土壤理化性质。重金属被农作物吸收，进而通过食物链富集会危害人体健康。有学者运用体外胃肠模拟方法，计算煤矿区土壤重金属的生物可给性，发现矿区土壤Cr污染对人群有一定的致癌风险。

基于文献调研发现，目前国内对于煤矿土壤重金属的积累、分布、迁移、污染评价、风险评估等研究较多，大多数研究集中在某一特定区域，从宏观层面上综合反映煤矿区中心区域和煤矿周围区域土壤重金属污染状况及分布现状的研究较少。因此，本书选择渝西某煤矿区作为研究对象，分析矿区土壤重金属污染程度及对其土壤肥力的影响。从宏观层面上研究煤矿区土壤重金属污染状况及其生态风险，可为煤矿区环境污染防控和生态修复提供数据支撑。

2.1 研究样地与样点布设

研究区域位于重庆市永川区内，地处低山浅丘地段，属亚热带季风湿润气候。境内河道属长江流域，主要水系有小安溪河，多年平均流量为21.7m^3/s，该河流有10余条支流汇入，采样图中的小溪流为其中之一。小安溪河依次进入涪江、嘉陵江后最终汇入长江，属于长江三级支流。研究区域地下矿藏资源丰富，储量大，形成了以矿产资源为主的工业生产体系。该采煤迹地目前处于关停状态，在煤矸石场旁边，有大约1万平方米的土地被复垦为农田，种植有各类蔬菜和油菜。共设置9个样地（图2-1），分别为对照样地（S0）、运煤干线两侧（S1）、煤矿进口（S2）、矿山山坡（S3）、矸石场（S4）、农田（S5）、居民区（S6）、公园（S7）、学校（S8），其中S0位于煤矿区域以外20km无人为扰动的一块荒地，S1～S4位于煤矿中心区域，S5～S8位于煤矿周围区域。每个样地均布设3个平行采样点，每一个平行采样点均采集3份表层土壤（0～20cm）充分混合成1个土壤样品后装在自封袋内编号，共采集27份土壤样品。

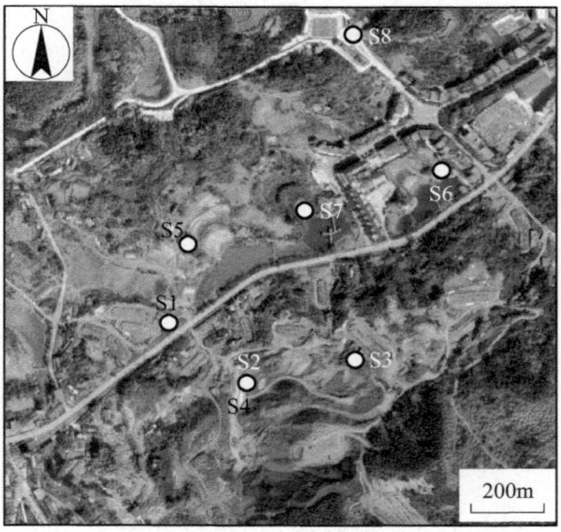

图2-1 采样样地

2.2 土壤指标与测量方法

土壤样品的采集与制备参照《土壤环境质量 农用地土壤污染风险管控标准（试行）》（GB 15618—2018）、土壤环境监测技术规范（HJ/T 166—2004）、《建设用地土壤污染状况调查技术导则》（HJ 25.1—2019）。采集的土壤样品置于室内自然阴干，去除土壤样品中的植物残渣和碎屑后用研钵研磨，过 20 目（孔径为 0.841mm）土壤筛用于测定土壤肥力，过 100 目（孔径为 0.147mm）土壤筛用于测定重金属含量。土壤肥力的测定项目包括总氮（total nitrogen，TN），使用凯氏定氮仪测定；总磷（total phosphorus，TP），使用钼锑抗比色法测定；有机质（total organic carbon，TOC），使用重铬酸钾加热法测定；土壤重金属包括镉（Cd）、铬（Cr）、铜（Cu）、镍（Ni）、铅（Pb）、锌（Zn），使用火焰原子吸收分光光度计测定，使用元素标准液（钢研纳克）制作标准曲线，上机测定时每隔 10 个样品使用标液矫正 1 次，标液矫正回收率在 10%以内时继续测定，否则重新测定。

2.3 污染程度评价方法

选择单因子污染指数法、内梅罗综合污染指数法、污染负荷指数法、地积累指数法进行土壤重金属累积特征分析与生态风险评价。土壤污染重金属污染程度与风险评价的分级标准见表 2-1。

2.3.1 单因子污染指数法

单因子污染指数法是一种用于评价单一重金属元素污染程度的方法，是国内外普遍采用的方法之一。

$$P_i=\frac{C_i}{S_i}$$

式中，P_i 为单因子污染指数；C_i 为污染物 i 的实测浓度，mg/kg；S_i 为污染物 i 的标准值，mg/kg 本文取重庆市土壤背景值。

2.3.2 内梅罗综合污染指数法

$$P_{综合}=\sqrt{\frac{\bar{P}_i^2+P_{i\max}^2}{2}}$$

式中，$P_{综合}$是元素 i 的综合污染指数；$\bar{P}_i$ 是各元素 P_i 的平均值；$P_{i\max}$ 是各元素中最大 P_i 值。

$P_{综合}<0.7$ 为清洁（安全），$0.7\leqslant P_{综合}<1.0$ 为尚清洁（警戒线），$1.0\leqslant P_{综合}<2.0$ 为轻度污染，$2.0\leqslant P_{综合}<3.0$ 为中度污染，$P_{综合}\geqslant 3.0$ 为重度污染。

2.3.3 污染负荷指数法

$$\mathrm{PLI}=\sqrt[n]{P_1P_2P_3\cdots P_n}$$

式中，PLI 为污染负荷指数；n 代表元素数量；P_n 为第 n 种重金属的污染指数。

2.3.4 地积累指数法

土壤重金属污染程度使用地积累指数法进行评价。

$$I_{\text{geo}}=\log_2\left(\frac{C_n}{1.5BE_n}\right)$$

式中，I_{geo} 为地积累指数；C_n 为测定样品中重金属 n 的含量，mg/kg；BE_n 为重庆市土壤环境质量背景值，其中，Pb 为 29.62mg/kg，Cd 为 0.29mg/kg，Zn 为 84.72mg/kg，Cu 为 25.64mg/kg，Ni 为 30.29mg/kg，Cr 为 73.57mg/kg，Mn 为 482mg/kg；1.5 为转换系数。

土壤污染重金属污染程度与风险评价的分级标准见表 2-1。

表 2-1 土壤污染重金属污染程度与风险评价的分级标准

评价指标	分级标准	污染或风险程度
P_i	$P_i<1$	无污染
	$1\leqslant P_i<2$	无污染到中度污染
	$2\leqslant P_i<3$	中度污染
	$3\leqslant P_i<4$	中度污染到重度污染
	$4\leqslant P_i<5$	重度污染
	$5\leqslant P_i<6$	重度污染到严重污染
	$6<P_i$	严重污染
$P_{综合}$	$P_{综合}<0.7$	无污染
	$0.7\leqslant P_{综合}<1.0$	警戒线
	$1.0\leqslant P_{综合}<2.0$	中度污染
	$2.0\leqslant P_{综合}<3.0$	高度污染
	$3.0<P_{综合}$	重度污染
PLI	PLI<1	无污染
	1≤PLI<2	中度污染
	2≤PLI<3	重度污染
	3<PLI	严重污染
E_r^i	$E_r^i<40$	低等潜在生态风险
	$40\leqslant E_r^i<80$	中等潜在生态风险
	$80\leqslant E_r^i<160$	较高潜在生态风险
	$160\leqslant E_r^i<320$	高潜在生态风险
	$320<E_r^i$	很高潜在生态风险
I_{geo}	$I_{\text{geo}}<0$	无污染
	$0\leqslant I_{\text{geo}}<1$	无污染到轻污染
	$1\leqslant I_{\text{geo}}<2$	轻污染到中污染
	$2\leqslant I_{\text{geo}}<3$	中污染
	$3\leqslant I_{\text{geo}}<4$	中污染到强污染
	$4\leqslant I_{\text{geo}}<5$	强污染
	$5\leqslant I_{\text{geo}}<6$	强污染到极强污染
	$6<I_{\text{geo}}$	极强污染

2.4 土壤养分状况

由表 2-2 可知，土壤有机质和总氮含量的最大值均出现在运煤干线两侧（S1）。有机质含量表现为在煤矿中心区域（煤干线两侧、煤矿进口、矿山山坡、矸石场）含量较高，而在煤矿周围区域（农田、居民区、公园、学校）含量较低，研究区土壤总氮含量变化趋势与土壤有机质含量表现一致。土壤总磷含量差异显著，其中运煤干线两侧、煤矿进口、矿山山坡、矸石场样地（S1～S4）土壤磷含量较其他样地偏低，而农田、居民区、公园、学校样地（S4～S8）的土壤磷含量较高。8 个研究样地的碳、氮、磷平均含量均显著高于对照样地（S0）。

表 2-2 各样地土壤养分含量

采样点	总氮(TN)/(g/kg)	总磷(TP)/(g/kg)	有机质(TOC)/(g/kg)	pH 值
S0	0.361±0.073c	0.533±0.135c	15.900±15.910b	6.1
S1	126.000±0a	2.092±0.313bc	216.070±161.282a	6.3
S2	74.677±21.385b	1.508±0.490c	221.779±54.822a	6.1
S3	35.000±24.249c	1.975±0.565c	44.316±29.250b	6.0
S4	67.667±35.812b	2.225±0.000bc	65.476±0.915b	6.1
S5	23.333±5.300c	6.033±3.092a	41.521±20.373b	6.0
S6	21.467±5.829c	4.317±1.000ab	44.515±16.548b	6.1
S7	8.400±5.048c	4.833±1.282a	20.920±14.433b	6.1
S8	21.933±24.463c	4.242±0.317ab	18.006±3.594b	6.1
最大值	126.000	6.033	216.070	6.3
最小值	8.400	1.508	18.006	6.0
平均值(S1～S8)	47.308	3.403	84.075	6.1

注：不同小写字母表示不同样地间各土壤养分的差异性显著（$P<0.05$）。

2.5 土壤重金属含量水平

由表 2-3 可见，重金属 Cr、Cu、Pb 在煤干线两侧和煤矿进口处的土壤中含量高，在煤矿周围区域（农田、居民区、公园、学校）的土壤中含量较低，重金属 Cd 的含量则表现为在煤矿周围区域（农田、居民区、公园、学校）的土壤中含量高，在煤矿中心区域（煤干线两侧、煤矿进口、矿山山坡、矸石场）的含量低。但所有样地的土壤重金属平均含量均高于对照样地。与《土壤环境质量　农用地土壤污染风险管控标准（试行）》（GB 15618—2018）中的筛选值相比，除 Cd、Cu 外，其余重金属元素（Cr、Ni、Pb、Zn）均小于农用地土壤污染风险筛选值。从整体上来看，这 6 种重金属在各样地之间均有不同程度的超标现象，其中重金属Cd在各样地超标最严重，其最小值已超过重庆土壤背景值和国家土壤背景值，是农用地土壤污染风险筛选值的6.37倍。表明该煤矿区土壤Cd污染已经对当地农作物的质量保证和土壤生态环境造成威胁。

表2-3 煤矿区土壤重金属含量 单位：mg/kg

采样点	Cd	Cr	Cu	Ni	Pb	Zn
S0	0±0e	35.833±8.250cd	40.000±3.536c	29.167±2.357bc	17.500±9.354bc	105.000±16.330bc
S1	1.910±0d	70.833±6.292a	107.833±5.033a	33.333±2.887ab	16.250±1.250c	140.000±45.621ab
S2	2.213±0cd	56.667±18.428abc	65.000±17.500b	32.500±6.614ab	40.833±10.408a	145.833±25.536ab
S3	2.518±0cd	40.833±19.419bcd	36.667±11.547c	22.500±2.500c	28.333±3.819b	136.833±13.560ab
S4	2.518±0cd	50.000±2.500abc	51.167±1.258bc	33.333±1.443ab	52.500±4.330a	118.333±8.780abc
S5	2.618±0.175c	54.167±7.638abc	56.667±21.554bc	35.833±7.638ab	40.833±7.638a	86.000±3.775c
S6	3.632±0.175b	62.500±9.014ab	45.000±2.500c	37.500±0.000ab	10.000±0.000c	155.000±32.500a
S7	3.935±1.067ab	50.000±10.000abc	42.500±2.500c	32.500±5.000ab	15.000±0.000c	128.333±16.073ab
S8	4.442±0.176a	25.467±17.253d	43.333±5.204c	31.667±1.443ab	10.833±7.638c	150.833±5.774abc
重庆土壤背景值	0.29	73.57	25.64	30.29	29.62	84.72
国家土壤背景值	0.074	53.9	20	23.4	23.6	67.7
筛选值(5.5＜pH≤6.5)	0.3	150	50	70	150	200
管制值(5.5＜pH≤6.5)	2	850	—	—	500	—

注：筛选值和管制值参照《土壤环境质量 农用地土壤污染风险管控标准（试行）》（GB 15618—2018）。不同小写字母表示不同样地间各土壤重金属的差异性显著（$P<0.05$）。

2.6 土壤重金属污染程度评价

如表2-4所示，按照单因子评价分级标准，对照样地Cd、Cr、Pb的单因子指数均小于1，显示为无污染，而在渝西某煤矿区（S1～S8）则表现为不同程度污染等级，其中Cd污染在该煤矿区各样地均已达到严重污染等级；Cu在煤干线两侧（S1）显示为重度污染至严重污染水平，在煤矿进口处（S2）显示为中度污染至重度污染水平；Pb在矸石场（S4）显示为中度污染。按照内梅罗综合污染指数评价分级标准，除对照样地外，该煤矿区这8个样地的污染指数都大于3，表现为重度污染。根据土壤负荷污染指数评价分级标准，该煤矿区土壤负荷污染指数为 2～3，属于重度污染水平。

表 2-4　土壤重金属污染评价结果

采样点	单因子指数法 Cd	Cr	Cu	Ni	Pb	Zn	内梅罗综合指数($P_{综合}$)	污染负荷指数(PLI)
S0	0	0.665	2.000	1.246	0.742	1.551	1.592	0
S1	25.811	1.314	5.392	1.425	0.689	2.068	18.756	2.681
S2	29.899	1.051	3.250	1.389	1.730	2.154	21.647	2.844
S3	34.020	0.758	1.833	0.962	1.201	2.021	24.532	2.190
S4	34.020	0.928	2.558	1.425	2.225	1.748	24.582	2.765
S5	35.383	1.005	2.833	1.531	1.730	1.270	25.545	2.641
S6	49.077	1.160	2.250	1.603	0.424	2.290	35.342	2.416
S7	53.176	0.928	2.125	1.389	0.636	1.896	38.263	2.366
S8	60.023	0.472	2.167	1.353	0.459	2.228	43.164	2.097

与西南地区其他煤矿区土壤重金属含量比较显示（表 2-5），渝西某煤矿区土壤 Cd 的平均含量（2.97mg/kg）显著高于其他煤矿区，是其他煤矿区的 3.03～8.03 倍。除 Cd 以外，渝西某煤矿区土壤中的 Cr、Cu、Ni、Pb、Zn 含量均小于农用地土壤污染风险筛选值的控制范围，而这些重金属在其他煤矿区则表现出不同程度的超标。整体来看，西南地区各煤矿区土壤中 Cd、Cu、Ni、Zn 的平均含量均显著超过了重庆土壤环境背景值和国家环境土壤背景值，结果表明煤矿开采对当地土壤重金属的积累贡献显著。

表 2-5　研究样地与西南地区其他煤矿区的对比　　　　单位：mg/kg

地区	调研煤矿区	重金属含量 Cd	Cr	Cu	Ni	Pb	Zn	文献出处
西南煤地区	渝西某煤矿区(研究区)	2.97±0.85	51.31±12.87	56.02±21.30	32.40±4.16	26.82±15.18	132.65±20.84	—
	重庆丘陵山煤矿区	0.98±1.64	128.07±136.54	50.66±28.23	44.73±23.94	35.46±11.22	117.88±46.84	周川等，2018
	贵州织金县煤矿区	0.37±0.23	—	98.73±6.37	—	287.02±25.79	177.57±102.24	张永航等，2011
	贵州黔西煤矿区	0.73±0.21	156.56±90.35	—	67.73±79.17	23.09±4.72	122.53±37.37	吴先亮等，2018
	贵州典型煤矿区	0.61±0.67	—	204.00±76.64	—	47.02±27.78	—	仝双梅等，2018
	云南开远煤矿区	—	—	60.42±45.87	124.94±90.14	22.99±17.51	57.05±32.81	雷冬梅等，2007
重庆土壤背景值		0.29	73.57	25.64	30.29	29.62	84.72	
国家土壤背景值		0.074	53.9	20	23.4	23.6	67.7	
筛选值(5.5<pH≤6.5)		0.3	150	50	70	150	200	
管制值(5.5<pH≤6.5)		2	850	—	—	500	—	

注：筛选值和管制值参照《土壤环境质量　农用地土壤污染风险管控标准（试行）》（GB 15618—2018）。

碳、氮、磷是作物生长必需的营养物质，本研究中，土壤养分有机质、总氮含量的最大值均出现在运煤干线两侧，总氮和有机质含量表现为：在煤矿中心区域（煤干线两侧、煤矿进口、矿山山坡、矸石场）含量偏高，而在煤矿周围区域（农田、居民区、公园、学校）含量较低，但整体平均含量均高于对照样地。原因是煤矿开采常常伴随着煤粉扬尘，而煤粉中的主要成分包含了大量的碳元素，有机碳的分解可以促进氮素的释放，碳的固定能引起氮的固定。在煤矿运输及自然风力作用下，煤粉、煤灰的撒落和飘散可能是导致煤干线两侧总氮、有机质含量偏高的主要因素，也是该研究区域总体土壤总氮、有机质含量普遍高于对照样地的主要原因。

与氮、碳不同，总磷含量表现为在煤矿中心区域含量偏低，在煤矿周围区域含量偏高，但整体平均含量均高于对照样地。原因是煤矿的开采、废弃煤矸石的堆积等使得封闭的土壤磷循环过程被破坏，加剧了磷在地表径流中的流失。同时，煤矿开采引起土壤重金属的积累致使土壤微生物活性降低，导致土壤磷活化受限，因此煤矿中心区域土壤磷含量较其他样地较低。而农田、居民区、公园、学校区域的土壤磷含量较高，可能是因为农作物施肥、畜生粪便、生活污水、景观植物栽培及其他工农业活动等因素在很大程度上增加了土壤磷含量。对照样地人为活动小，几乎无施肥来源，因此磷含量普遍低于煤矿区土壤磷含量。综上表明，渝西某煤矿区土壤养分受煤矿开采影响显著。

渝西某煤矿的开采已经使矿区土壤重金属含量超标，虽然农田、居民区、公园、学校区域的土壤重金属含量低于煤矿中心区域的土壤重金属含量，但与对照样地相比，这些区域显然已受到煤矿开采的影响。整体而言，西南地区煤矿区土壤重金属污染的主要元素为Cd、Cu、Ni、Zn，相比于西南其他煤矿区，渝西某煤矿区的土壤Cd污染最严重。为了防止重金属污染进一步加剧和扩大，相关部门应及时采取防控措施，尽量减轻该矿区土壤重金属污染对人体健康的危害。

利用内梅罗综合指数法和土壤元素污染负荷指数法评价出的污染等级显示：样地S8的内梅罗综合指数表现为最大，而土壤污染负荷指数表现为最小。这主要是因为内梅罗综合指数法侧重污染指数较大、污染最严重的污染因子，而土壤元素污染负荷指数法是一种利用各个重金属元素的单因子指数求积的统计方法，消除了加和算术引起评价结果的异常现象，更加强调各种污染因子的综合影响。从两种方法的分析结果可以看出，土壤元素污染负荷指数法能够更好地反映出煤矿区的污染特征。

综上，渝西某煤矿区土壤养分受煤矿开采影响显著，元素Cd为该矿区土壤中的主要重金属污染元素，其含量已超过农用地土壤污染风险筛选值，单因子污染指数已达到严重污染等级，是威胁当地土壤生态环境健康的主要重金属元素，对人体健康的潜在危害最大。土壤元素污染负荷指数法能够更好地反映出煤矿区的污染特征，研究可为渝西某煤矿区土壤重金属污染的防控和治理提供科学依据。

第3章

农田重金属污染与人群健康风险

煤矿开采中大量的重金属由于风化、粉尘、地表径流、渗滤等途径排放到采煤迹地及周边的土壤中，威胁周边土壤和粮食安全以及人群健康。重金属污染具有不易察觉和潜在危害大的特点，重金属进入农田生态系统后会通过食物链富集，危害人体健康，其中粮食和蔬菜摄取是主要途径之一。当前已有大量关于我国蔬菜重金属污染的调查报告，尤其是某些工矿地区周围农田的蔬菜中重金属含量较高。不同蔬菜品种对重金属吸收累积差异较大，对人体影响程度也有差异。

土壤生态风险评价技术是运用风险评价模型预测污染物在土壤中迁移时浓度的时空变化规律，是评估由于一种或多种外界因素导致的，可能发生或正在发生的不利生态影响的过程，或评估因过去某种因素导致生态变化的可能性。其目的是帮助环境管理部门了解和预测外界生态影响因素与生态后果之间的关系，有利于环境决策的制定。

美国是最早研究重金属对土壤污染的国家。1989 年美国国家环境保护局颁布了《超级基金污染点风险评价导则》(*Risk Assessment Guidance for Superfund*，RAGS)，随后予以不断的补充和完善。其中，商值法是当时使用最广泛、最普遍的风险评价方法，是把实际监测或由模型估算出的环境暴露浓度（environmental exposure concentration，EEC）与实验室测得的表征该物质危害程度的毒性数据［亦称毒性终点值，如 LC_{50} 值、EC_{50} 值、NOEC（无可观察效应浓度）值等］相比较，即用环境暴露浓度除以毒性终点值得到危害商（hazard quotient，HQ）值，最后将得到的风险商值与美国国家环境保护局建立的关注标准（levels of concern，LOCs）进行比较，从而对采煤迹地土壤污染的生态风险做出初步的判断。

研究发现，土壤环境因其具有复杂的空间异质性，使土壤中不同重金属的生物有效性不同，土壤-植物复合系统中 Cr 和 Cd 元素迁移能力较强；采矿和冶炼等人为活动使得当地大多数农作物受到 Pb 和 Cd 的污染，蔬菜可食用部分 Pb 与 Cd 的危险指数较大。有研究显示，西南地区某采煤迹地部分重金属在农作物中已达到慢性中毒的程度，因不同农作物生理特性的差异性，不同种类蔬菜对重金属富集能力不同；湖南某关闭锰矿区周边农田玉米中各超标重金属含量均值均高于大米；相较于根块类蔬菜，湖南锑矿区叶菜类空心菜对 Cd 的富集系数最大；研究叶菜类蔬菜对重金属富集特征发现，菠菜对于 Cd 富集能力强，苋菜对于 Zn 的富集能力最强；陕西省某矿区土壤和当地种植的粮食作物的污染水平高于限值，其中 Cr、Ni、Pb、Cd 等元素的非致癌性风险均高出了成人和儿童的可接受水平，给当地居民的健康带来风险。

目前，国内关于矿区周边农田蔬菜重金属污染情况的研究主要集中在污染来源、富集特征以及健康风险评价等，但大多集中在对蔬菜类别进行研究，而未细化到品种筛选。此外，重庆地区耕地资源紧缺，受重金属污染的农田土壤修复过程长且成本高。如何选择对重金属富集程度较低的蔬菜种植品种，对于合理利用受重金属污染的土地及保障人群健康安全具有重要的现实意义。

基于第 2 章对渝西地区某煤矿区土壤重金属污染程度的量化分析（Cd、Pb 等元素超标显著），本章聚焦重金属通过农田生态系统的食物链传递风险。以煤矿复垦区农田为研究对象，通过作物盆栽试验与原位蔬菜采样，分析重金属对农作物的毒性效应，结合生物富集系数（BCF）评估蔬菜可食用部分的重金属累积特征，并构建人群健康风险评价框架，量化儿童与成人通过蔬菜摄入重金属的潜在危害，为矿区农田安全利用与作物种植规划提供依据。

3.1 研究样地与样品采集

3.1.1 作物盆栽试验供试土样采集

该采煤迹地目前处于关停状态，根据煤矿区中煤矸石场周边地形地貌，共设置 5 个采样点（图 3-1），其中各点土样信息如下：样地 1（S1，N29°21′13.26″，E105°39′41.01″），土样在煤矿区后山草地采集，远离污染源中心，周围植被茂盛，土质颜色为黄色，含有少量的沙砾；样地 2（S2，N29°20′42.35″，E105°43′6.63″），土样在煤矸石场上端采集，距离污染源中心较近，土质颜色为黄黑色，含有沙砾；样地 3（S3，N29°20′46.25″，E105°43′16.17″），土样在煤矸石场内采集，是污染源中心，周围没有植被，土质颜色为黄白色，含有沙砾；样地 4（S4，N29°20′33.82″，E105°42′50.4″），土样在煤矸石场复垦区采集，附近居民种植了豌豆和胡豆，距离污染源中心较近，土质颜色为黄黑色，含有沙砾；样地 5（S5，N29°20′57.02″，E105°43′20.65″），土样在生活区农田采集，距离污染源中心较远（3km 左右），在道路旁，土质颜色为红棕色，不含沙砾。

采用混合取样法，取土深度为 2～20cm。将混合后的土样密封于带有编号的密封袋中，于 24h 内带回实验室。待土样回到实验室后，取每个样地的土壤自然风干，去除石块沙砾，磨碎后过 100 目土壤筛，混匀并保存以便测定土壤重金属含量和进行小麦、豌豆、胡豆盆栽试验。

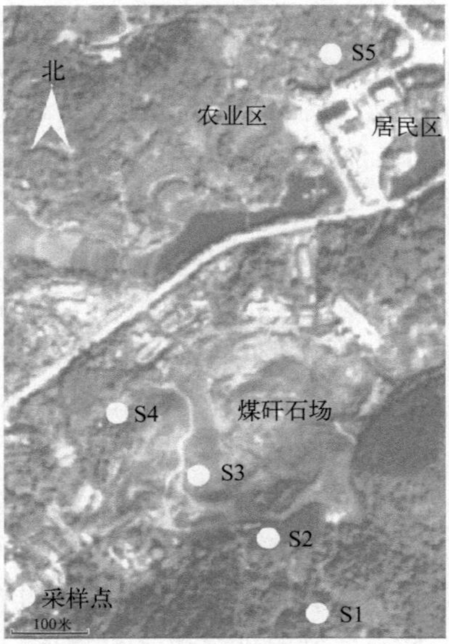

图 3-1 研究区采样点示意

S1—后山草地；S2—煤矸石场上缘；S3—煤矸石场；S4—煤矸石场复垦区；S5—生活区

3.1.2 农田原位蔬菜及其根际土采集

在煤矸石场旁边，有大约 1 万平方米的土地被复垦为农田，种植有各类蔬菜，因此把复垦区设置在此，而在煤矸石场边缘未被开垦的区域选择为未开垦区，在远离采煤迹地的农业区设置农田采样点。

选择复垦区种植的 9 种蔬菜为研究对象，分别为：香辛类 3 种，包括野葱（*Allium chrysanthum*）、青蒜（*Allium sativum*）和大葱（*Allium fistulosum*）；块根类 2 种，包括白萝卜（*Raphanus sativus*）和红薯（*Ipomoea batatas*）；叶菜类 4 种，包括油菜（*Brassica napus*）、普通白菜（*Brassica pekinensis*）、冬葵（*Malva verticillata*）和豌豆叶（*Pisum sativum*）。

随机采集 3 类蔬菜的可食用部分各 3 份，每份 500g，共计 27 份蔬菜样品带回实验室，用自来水和纯水清洗后晾干，105℃杀青至恒重后用石英研钵研磨，过 60 目筛备用。同时，利用四分法分别采集各类蔬菜根际土壤各 3 份，每份约 500g，共计 27 份土壤样品带回实验室，挑出杂质后室内自然风干，过 100 目筛备用。

3.2 土壤重金属污染对农作物的毒性效应研究

“万物土中长”，土壤是植物营养成分的直接供给者，因此，土壤污染与植物的生长发育也应引起大家的关注。通过观察测定蔬菜的生长指标可以直观明了地反映蔬菜的具体生长情况。有研究表明，种子的生命可以通过发芽率来反映，而植物株高和根长对重金属环境十分敏感，因此常被用来反映种子萌发后的生长状况。有学者研究了重金属污染对植物生长的毒性效应，发现含量较高的重金属会抑制种子的萌发，而含量较低的重金属会促进种子萌发；随着重金属含量的增加，植物株高先增加后减少，而根长则逐渐减小；蔬菜的鲜重会受到根系发育状态的影响，因为水分是蔬菜鲜重的主要限制因素，而在环境中吸收水分的主要器官是根系。有学者研究了重金属污染对绿豆生理化指标的影响，发现随着重金属含量的增加，绿豆幼苗鲜重显著下降。叶绿素是植物进行光合作用的重要因素，植物体内有机物合成含量的多少与光合作用有关。研究煤矸石堆积区周边土壤的植物毒性显示，当距离污染源由近到远时，叶绿素 a 的含量和叶绿素总量显著降低，而叶绿素 b 的含量变化不明显。综上可见，重金属污染会对植物产生毒害作用，从而导致植物生长缓慢和代谢紊乱。因此，通过研究蔬菜的生长、生理指标来体现土壤污染程度具有指示作用。

植物在受到胁迫时，会产生膜质过氧化反应，而膜质过氧化的最终产物是丙二醛（MDA）。它可以提高膜的渗透能力并破坏细胞膜，因此，其含量可以从某种程度上反映细胞损伤情况。随着细胞膜的破坏和膜的过度氧化，MDA 在植株中的累积也会增加。有学者研究 As 对高粱种子的生理影响，发现在不同含量的重金属污染下，高粱幼苗中的 MDA 含量都呈现上升趋势，MDA 含量的增加反映了植株体内的自由基增加。

如果植物在生长过程中受到非生物和生物胁迫，那么它在代谢过程中就会产生自由基使细胞膜遭到损坏。过氧化物酶（POD）和过氧化氢酶（CAT）在植物体内可以通过协同作用形成抗氧化酶系统，然后通过各种代谢来清除在逆境状态下累积的活性氧自由基，以此来维持植物正常的生命活动，防御植物中毒，保护细胞和植物体，同时减轻重金属胁迫对植物造成的危害，减轻细胞膜膜脂过氧化的程度。前人研究镉胁迫对小白菜的生理特性，发现当土壤中 Cd 浓度增高时，POD 活性先升高后降低，而 CAT 活性与土壤中 Cd 含量呈正相关；研究重金属对绿豆的胁迫时也发现了相同的变化趋势。这是由于蔬菜在遭受逆境胁迫时，为了缓解胁迫因子对自身的伤害，POD 和 CAT 的活性会增大，从而清除多余的活性氧自由基。

细胞与外界环境进行信息传递和物质交换要通过植物细胞质膜。当植物器官衰老或者在逆境下受到伤害时，会引起细胞膜结构稳定性和完整性的损害，使细胞的质膜透性增强，从而造成带电物质向细胞外液渗透。因此，可以把植物细胞的质膜透性作为反映细胞膜功能和结构受损程度的指标。对大白菜的毒性效应与毒性机制的研究表明，对大白菜的长期和短期毒性试验都显示大白菜幼苗功能叶片的质膜透性与毒性胁迫呈正相关。

3.2.1 供试土壤中不同形态重金属含量测定

3.2.1.1 不同形态重金属测定方法

采用 BCR 连续提取法（BCR sequential extraction procedure）提取土壤中不同形态的重金属。该方法需要使用提取剂破坏重金属原有的结合状态，再将重金属元素的各个形态分离并分别测量，经过提取，可将重金属分为酸可溶态、可氧化态、可还原态和残渣态四种形态，本次试验只测定了前三种形态：酸可溶态、可氧化态、可还原态。采用电感耦合等离子体（ICP）分光光度计测定各形态样品中的Cr、Cu、Ni、Zn、Cd和Zn的含量。此步骤进行前需要将样地土壤进行研磨处理，并过100目筛，得到粉末状土样，可使比表面增大，反应更加充分。

（1）酸可溶态重金属含量测定。称取土样1.000g，放入100mL锥形瓶中，加入40mL 0.1mol/L的乙酸溶液，将锥形瓶口用保鲜膜封住后放入恒温摇床中，设定180r/min，22℃，振荡16h。振荡完成后将溶液移入离心管并放入离心机中，设定4000r/min，离心15min，然后将上清液用蒸馏水定容至50mL，保存于小白瓶里，准备待测。

（2）可还原态重金属含量测定。将酸可溶态中的残余土样放入锥形瓶中，加入40mL 0.5mol/L的盐酸羟胺溶液，将锥形瓶口用保鲜膜封住后放入恒温摇床中，设定180r/min，22℃，振荡16h。振荡完成后将溶液移入离心管并放入离心机中，设定4000r/min，离心15min，然后将上清液用蒸馏水定容至50mL，保存于小白瓶里，准备待测。

（3）可氧化态重金属含量测定。将可还原态中的残余土样放入锥形瓶中，加入10mL H_2O_2，在室温下消化1h，将锥形瓶口用保鲜膜封住后放入水浴锅中，温度设定为85℃，水浴1h。揭开保鲜膜，继续加热至锥形瓶内液体体积不多于3mL。再加入10mL H_2O_2，用保鲜膜封住瓶口后放入85℃水浴锅水浴1h，揭开保鲜膜，继续加热至锥形瓶内液体约1mL。待冷却后加入50mL 1.0mol/L的乙酸铵溶液，将锥形瓶口用保鲜膜封住后放入恒温摇床中，设定180r/min，22℃，振荡16h。振荡完成后将溶液移入离心管放入离心机中，设定4000r/min，离心15min，然后将上清液用蒸馏水定容至50mL，保存于小白瓶里，准备待测。

3.2.1.2 重金属污染的评价方法

采用单因子指数法、内梅罗综合污染指数法和污染负荷指数法进行评价，详见2.3部分。

3.2.1.3 重金属含量分析与污染评价

（1）酸可溶态重金属含量。重金属酸可溶态是重金属产生污染的主要形态之一，金属被吸附在土、腐殖质及其他成分上，会随着环境的变化而迁移转化，容易被动植物吸收，从而对机体产生不良影响。由表3-1可以看出，采样点S1、S2、S4在酸可溶状态下的Cr浓度较高，显著（$P<0.05$，下同）高于采样点S3和S5；采样点S5在酸可溶状态下的Cu含量显著高于采样点S1、S2、S3和S4，采样点S2、S3和S4在酸可溶状态下的Cu含量显著高于采样点S1；采样点S1在酸可溶状态下的Ni含量显著高于采样点S2、S3、S4和S5，采样点S3和S4在酸可溶状态下的Ni含量显著高于采样点S5；采样点S2在酸可溶状态下的Zn含量显著高于采样点S1、S3、S4和S5，采样点S4在酸可溶状态下的Zn含量显著高于采样点S1、S3和S5；采样点S2和S3在酸可溶状态下的Cd含量显著高于采样点S1、S4、S5，且所有样地均高于风险筛选值；采样点S2和S3在酸可溶状态下的Pb含量显著高于采样点S1、S4、S5。

表 3-1 酸可溶态重金属含量 单位：mg/kg

样地	Cr	Cu	Ni	Zn	Cd	Pb
S1	9.300(0.930)	1.105(0.080)	1.925(0.042)	2.227(0.513)	1.970(0.794)	1.355(0.114)
S2	9.790(0.979)	7.475(0.370)	0.957(0.054)	21.240(2.520)	2.945(0)	19.495(0.770)
S3	0.720(0.072)	9.173(0.391)	1.635(0.015)	2.407(0.165)	3.337(0.236)	3.352(0.248)
S4	8.550(0.855)	10.285(0.989)	1.604(0.070)	6.778(0.547)	1.050(0.535)	1.087(0.221)
S5	0.785(0.079)	12.173(0.830)	0.910(0.004)	2.620(0.163)	0.420(0)	1.898(0.008)
土壤背景值	73.57	25.64	30.29	84.72	0.29	29.62
风险筛选值	150	50	70	200	0.3	90

注：数据的表示格式为平均值（标准误差）。土壤背景值为重庆市土壤背景值；风险筛选值为土壤风险筛选值（5.5＜pH≤6.5）（GB 15618—2018），下同。

（2）可还原态重金属含量。重金属的可还原态是在还原环境中或者随着环境 pH 值的降低，向有效态转化从而增加土壤重金属污染。由表 3-2 可知，样点 S1、S2 在可还原态下的 Cr 含量较高，显著高于采样点 S3、S4 和 S5，采样点 S4 在可还原态下的 Cr 含量显著高于 S3 和 S5；采样点 S1 和 S2 在可还原态下的 Cu 含量显著高于采样点 S3、S4 和 S5；采样点 S2、S3、S4 在可还原态下的 Ni 含量显著高于采样点 S5，显著低于采样点 S1；采样点 S1、S2、S3、S4 和 S5 在可还原态下的 Zn 含量没有显著差异；采样点 S3 在可还原态下的 Cd 含量显著高于采样点 S2 和 S4；采样点 S2、S4 和 S5 在可还原态下的 Pb 含量显著高于采样点 S1。

表 3-2 可还原态重金属含量 单位：mg/kg

样地	Cr	Cu	Ni	Zn	Cd	Pb
S1	8.800(0.880)	13.523(2.514)	1.634(0.010)	1.857(0.610)	2.722(1.245)	0.687(0.053)
S2	9.425(0.943)	12.800(0.000)	1.466(0.043)	1.248(0.043)	1.418(0.003)	5.570(0.470)
S3	1.010(0.101)	1.908(0.253)	1.144(0.054)	1.597(0.263)	1.840(0.000)	2.120(0.189)
S4	8.070(0.807)	2.085(0.000)	1.355(0.093)	1.580(0.091)	1.030(0.000)	4.210(0.230)
S5	0.735(0.074)	1.325(0.000)	0.690(0.656)	1.762(0.301)	1.088(0.305)	4.142(0.992)
土壤背景值	73.57	25.64	30.29	84.72	0.29	29.62
风险筛选值	150	50	70	200	0.3	90

（3）可氧化态重金属含量。土壤中有机物与重金属的可氧化态容易结合。对表 3-3 进行显著性（$P<0.05$，下同）相关数据分析可以看出，采样点 S5 在可氧化态下的 Cr 含量较高，显著高于其余采样点，采样点 S2、S3 和 S4 显著高于 S1 在可氧化态下的 Cr 含量；采样点 S1、S2、S3 和 S4 在可氧化态下的 Cu 含量显著低于采样点 S5，采样点 S3、S4 显著高于采样点 S1 在可氧化态下的 Cu 含量；采样点 S5 在可氧化态下的 Ni 含量显著高于采样点 S1、S2、S3 和 S4；采样点 S1、S2、S3、S4 和 S5 在可氧化态下的 Zn 含量没有显著差异；采样点 S3 在可还原态下的 Cd 含量显著高于采样点 S2 和 S4；采样点 S2、S3、S4 和 S5 在可还原态下的 Pb 含量显著高于采样点 S1。

表 3-3　可氧化态重金属含量　　单位：mg/kg

样地	Cr	Cu	Ni	Zn	Cd	Pb
S1	1.055(0.106)	0.873(0.063)	9.353(0.691)	1.667(0.458)	2.453(0.184)	3.660(0.507)
S2	1.155(0.116)	0.843(0.078)	4.148(0.497)	1.258(0.023)	1.210(0.505)	3.540(0.555)
S3	1.440(0.144)	3.657(0.302)	5.075(0.497)	1.362(0.219)	1.462(0.375)	2.635(0.070)
S4	1.460(0.146)	3.788(0.644)	9.377(0.339)	1.332(0.2417)	1.565(0.283)	1.718(1.581)
S5	3.150(0.315)	5.405(0.222)	16.474(0.132)	1.5267(0.267)	1.233(0.325)	3.123(0.498)
土壤背景值	73.57	25.64	30.29	84.72	0.29	29.62
风险筛选值	150	50	70	200	0.3	90

（4）三态加和重金属含量及其污染评价。表 3-4 显示，对照组采样点（S5）位于生活区，研究区采样点（S1～S4）距离煤矿区较近，4 个采样区 pH 值范围为 5.5～6.5，因此依据《土壤环境质量农用地土壤污染风险管控标准（试行）》（GB 15618—2018）风险筛选值（水田）（5.5<pH≤6.5）和重庆市土壤背景值对各样地重金属污染进行评价。Cd 含量在 5 个样地均超过了重庆市土壤背景值和风险筛选值；其余 5 种重金属含量均在风险管控范围内。

表 3-4　煤矿区各样地土壤中的重金属含量　　单位：mg/kg

项目	S1	S2	S3	S4	S5	重庆市土壤背景值	风险筛选值(土壤)(5.5<pH≤6.5)
Cr	19.155 (1.916)	20.370 (2.037)	3.170 (0.317)	118.080 (1.810)	4.670 (0.467)	73.57	150
Cu	15.501 (2.460)	21.118 (0.448)	14.738 (0.033)	16.157 (0.586)	18.903 (1.036)	25.64	50
Ni	12.913 (0.812)	6.570 (0.486)	7.854 (0.458)	12.336 (0.342)	18.075 (0.129)	30.29	70
Zn	5.750 (0.800)	23.750 (2.50)	5.365 (0.503)	9.690 (0.552)	5.908 (0.260)	84.72	200
Cd	7.145 (1.213)	5.573 (0.513)	6.638 (0.263)	3.645 (0.753)	2.742 (0.127)	0.29	0.3
Pb	5.701 (0.396)	28.605 (1.795)	8.107 (0.365)	7.015 (1.603)	9.162 (0.690)	29.62	90
$P_{综合}$	17.69	13.83	16.43	9.04	6.81	—	—
PLI	0.46	0.76	0.30	0.46	0.36	—	—

从表 3-5 可知，对于 Cr、Cu、Ni、Zn 和 Pb 在所有样地都呈无污染状态（P_i 均小于 1）；而 Cd 在所有样地都受到严重污染（P_i 均大于 6）。

表 3-5　单因子污染指数（P_i）

样地	P_i(Cr)	P_i(Cu)	P_i(Ni)	P_i(Zn)	P_i(Cd)	P_i(Pb)
S1	0.2604	0.6046	0.4263	0.0679	24.6379	0.1925
S2	0.2769	0.8236	0.2169	0.2803	19.2155	0.9657
S3	0.0431	0.5748	0.2593	0.0633	22.8908	0.2737
S4	0.2458	0.6301	0.4073	0.1144	12.5690	0.2368
S5	0.0635	0.7373	0.5967	0.0697	9.4540	0.3093

由表 3-4 可知，内蒙罗综合污染指数 $P_{综合}$ 处于 6.81～17.69，5 个采样点 $P_{综合}$ 均超过了 3，根据污染等级判断各样地均属于重度污染。在煤矸石场区域内，采样点 S3 煤矸石场中心污染最为严重，$P_{综合}$ 高达 16.43。而污染负荷指数 PLI 值处于 0.30～0.75，根据污染等级判所有样地 PLI 值都小于 1，属于无污染。

综上所述，煤矸石场已在此矿区堆积多年，占地面积宽，与人类生活劳作环境紧密相连，从卫星地图上查看该煤矸石场以及实地考察发现，该地占用大量耕地，植被破坏严重，场内水塘颜色呈蓝绿色，农田和水体被严重污染。采样区均受到 Cd 元素的重度污染，根据内梅罗综合污染指数法表明，所有采样点均受到重度污染，虽然采样点 S1 和 S5 离煤矸石场区域距离较长，不排除煤矸石场中的污染物质经过雨水冲刷、地表径流等迁移方式迁移到其他地方，对周围水体和动植物产生很大污染影响，通过食物链进而影响到人体健康。

3.2.2　盆栽实验设计

选用小麦种子（河南商丘宁陵某种子公司）、胡豆种子和豌豆苗种子（南京某种子公司提供）。将所有种子均在空调房中培养 1 个月，放置在窗边受自然光照，温度为 25℃，相对湿度为 70%。

种子播种前需要进行催芽，把种子放在大烧杯中用去离子水冲洗两遍，然后浸泡 6h，水量为种子量的 2 倍左右。浸种完毕后把干瘪或者遭受虫害的种子除去，然后用去离子水把剩下的种子清洗一下。把处理好的土壤装入底部带孔的圆形纸碗（ϕ5.5cm×11cm）中，每个碗装入 200g 土壤试样，并用 10mL 去离子水喷洒润湿土壤。在室外植物培养棚中进行三种作物的盆栽试验，保持土壤试样的水分含量在 60%～70%。每个碗中均匀播种 20 颗小麦种子、6 颗胡豆种子和 10 颗豌豆种子，每 2 天随机调整碗的位置和方向，30 天以后盆栽试验结束，采取各作物的叶片，进行各项试验参数的测定。

3.2.3　作物测定指标与方法

3.2.3.1　作物种子的发芽率统计

（1）小麦。以初生胚芽大于小麦种子长度的一半作为发芽标准统计发芽数，连续记录 3 天，计算发芽率。同时，在试验过程中，选取小麦种植后的第 5 天和第 10 天测定试验过程中小麦的株高，观察小麦长势。最终拔下小麦，洗净擦干后，根茎分离，用直尺测定小麦的根长，用千分之一天平测定其根重与株重。

（2）胡豆。以胚芽生长到种子的 1/2 处作为萌发的标准，记录胡豆种子相应阶段（发芽期、生长期）的种子萌发数量、苗高、株高等数据。本书是以第 7 天的萌发情况来计算种子的发芽率。使用直尺测量胡豆的高度，于第 4 天记录胡豆的苗生长情况，于第 8 天记录胡豆种子的株高情况，后续每隔 5 天记录一次胡豆的株高。共记录了 3 次。最终测定生理指标，再测定一次株高。

$$\text{发芽率}(\%)=\frac{\text{第 7 天种子萌发数}}{\text{所培养的种子总数}}\times 100\%$$

（3）豌豆。各生长参数以发芽率、株高、主根长、地上生物量等指标来表示。在豌豆苗种植 7 天后观察记录种子萌发数量；在豌豆苗种植 30 天后，把豌豆幼苗连根拔起，用去离子水将豌豆苗幼苗洗净，拿吸水纸擦干后立即用直尺测量每株幼苗的株高及主根长，之后用电子天平测量各株豌豆苗幼苗的地上生物量。

3.2.3.2　叶片叶绿素含量测定

采用分光光度法测定叶绿素 a、b 含量。取下 0.2g 的作物叶片，用剪刀剪碎后放入研钵中，加入 2mL 乙醇和适量石英砂、碳酸钙粉研制成匀浆，再加入 10mL 乙醇冲洗研钵后，把匀浆转入漏斗后过滤至容量瓶中，最后测定 645nm 和 663nm 处的吸光度值，代入公式计算叶绿素各含量。

$$\text{叶绿素 a 含量}(\text{mg/g 或 mg/dm}^2)=(12.7D_{663}-2.69D_{645})\frac{V}{1000W}$$

$$\text{叶绿素 b 含量}(\text{mg/g 或 mg/dm}^2)=(22.9D_{645}-4.68D_{663})\frac{V}{1000W}$$

$$\text{叶绿素总量}(\text{mg/g 或 mg/dm}^2)=(20.2D_{645}+8.02D_{663})\frac{V}{1000W}$$

式中，D_{663} 为在 663nm 下的吸光度；D_{645} 为在 645nm 下的吸光度；V 为提取液的体积，mL；W 为作物叶片鲜重，g。

3.2.3.3　丙二醛含量测定

采用硫代巴比妥酸（TBA）显色法测定丙二醛（MDA）含量。取下 0.2g 的作物叶片，放入低温条件中的研钵，加入 2mL 预冷的磷酸缓冲液快速研磨，再加入 3mL 的磷酸缓冲液冲洗研钵。把研钵中的匀浆转入离心管中，在 4000r/min 下离心 15min 后，取出 2mL 提取液加入 2mL TBA 混匀。使混合液在沸水浴中加热 15min 后冷却至室温，再离心一次（15min）。最后取上清液测定 450nm 和 532nm 时的吸光度值。MDA 含量的计算公式如下。

$$\text{MDA 含量}(\mu\text{mol/g FW})=\frac{\text{提取液 MDA 浓度}\times\text{提取液总体积}}{\text{植物组织鲜重}}$$

$$\text{提取液中 MDA 浓度}(\mu\text{mol/mL})=\frac{C_{\text{MDA}}\dfrac{\text{反应液体积}}{1000}}{\text{测定时提取液用量}}$$

$$C_{\text{MDA}}=6.45D_{532}-0.56D_{450}$$

式中，C_{MDA} 为 MDA 在反应混合液中的浓度，μmol/L；D_{532} 为 532nm 波长下的吸光度；D_{450} 为 450nm 波长下的吸光度。

3.2.3.4 抗氧化酶活性测定

粗酶液提取：分别取 0.2g 新鲜叶片于预冷的钵体中，加入预冷的 0.05mol/L 磷酸缓冲液（pH=5.5）进行研磨，将叶片与 2mL 缓冲液在冰浴下进行研磨，后续再加入 3mL 缓冲液继续研磨，最后将匀浆转入 5mL 离心管，在 4000r/min 的转速下离心 15min，上清液为提取粗酶液。

（1）过氧化物酶（POD）活性测定。采用愈创木酚法，取出 0.1mL 的粗酶上清液加入 2.9mL 磷酸缓冲液、0.5mL H_2O_2 和 0.1mL 愈创木酚混匀，最后在 470nm 处测定吸光度值。POD 活性计算公式如下。

$$\text{POD 活性}[\text{U}/(\text{g}\cdot\text{min})]=\frac{\Delta A_{470}V_{\text{T}}}{WV_{\text{s}}\times 0.001t}$$

式中，ΔA_{470} 为反应时间内吸光度的变化值；V_T 为样品总体积，mL；W 为材料质量，g；V_s 为测定时所取酶液体积，mL；t 为反应时间，min。

POD 酶活性测定的反应体系如表 3-6 所列。

表 3-6 POD 酶活性测定的反应体系 单位：mL

试剂	对照组	样品组
0.05mol/L pH=5.5 的磷酸缓冲液	2.9	2.9
2%双氧水溶液	0.5	0.5
2%愈创木酚溶液(用 100%的原液稀释)	0.1	0.1
粗酶液	0	0.1
蒸馏水	0.1	0
总体积	3.6	3.6

（2）过氧化氢酶（CAT）活性测定。采用过氧化氢法测定 CAT 活性，取出 0.1mL 提取的粗酶上清液（至少稀释 5 倍）加入 2mL 磷酸缓冲液和 0.1mL 2%的双氧水溶液常温下混匀，检测在 240nm 处 5min 内的吸光值。计算公式如下。

$$\text{酶活力}[\text{U}/(\text{g}\cdot\text{min})]=\frac{E_{240}\times\text{样品总体积}}{0.0436}\times\frac{\text{样品稀释倍数}}{\text{所测样品体积}}\times\frac{1}{\text{样品质量}}$$

式中，E_{240} 为在 240nm 下的吸光度。

3.2.3.5 膜透性测定

采用电导法测定膜透性。取 0.2g 的作物叶片，用剪刀剪碎后放入烧杯，加入蒸馏水 50mL，静置 30min 后测定其电导率 D_1。把烧杯置于电热板上加热煮沸 10min 后冷却至室温，最后定容至 50mL，再次测定电导率 D_2。膜透性（电解质的相对外渗率）的计算公式如下。

$$\text{膜透性}=\frac{D_1}{D_2}\times 100\%$$

3.2.4 重金属污染对盆栽三种作物的毒性效应

3.2.4.1 重金属污染对三种作物种子萌发的影响

图 3-2 和图 3-3 显示了小麦和豌豆的发芽率；表 3-7 显示了胡豆种子在一定的范围内会受到污染的激发，从而呈现煤矸石场土壤（S3）中的发芽率高于矿区后山草地（S1）与复垦区（S4）土壤中的发芽率。

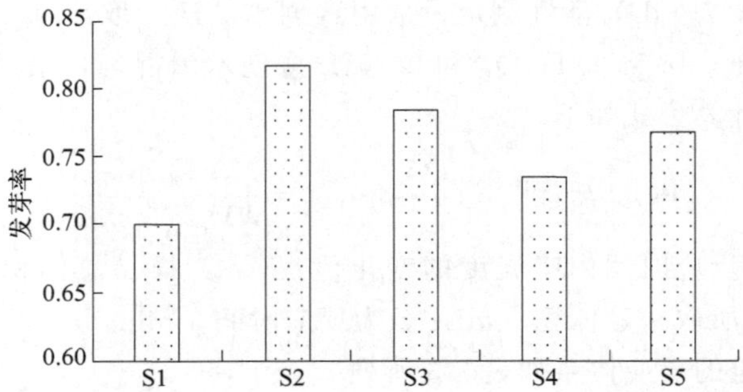

图 3-2 不同样地小麦的发芽率

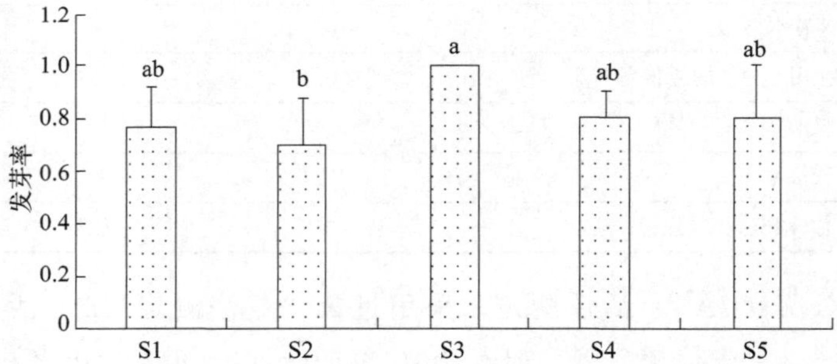

图 3-3 复合重金属污染土壤中豌豆苗发芽率

表 3-7 复合重金属污染土壤中胡豆种子的发芽率

样地	发芽率	样地	发芽率
S1	0.889±0.192b	S4	0.889±0.096b
S2	1.000±0.096a	S5	1.000±0a
S3	0.944±0.096a		

注：表中数据均以平均值±标准差表示，不同小写字母表示不同样地之间的差异性，$P<0.05$（下同）。

3.2.4.2 重金属污染对三种作物叶片叶绿素含量的影响

（1）小麦。由图 3-4～图 3-6 可知：5 个样地种植的小麦体内的两种叶绿素含量具有相同的变化趋势，即随着与煤矸石场（S3）距离的增大而逐渐上升的趋势。

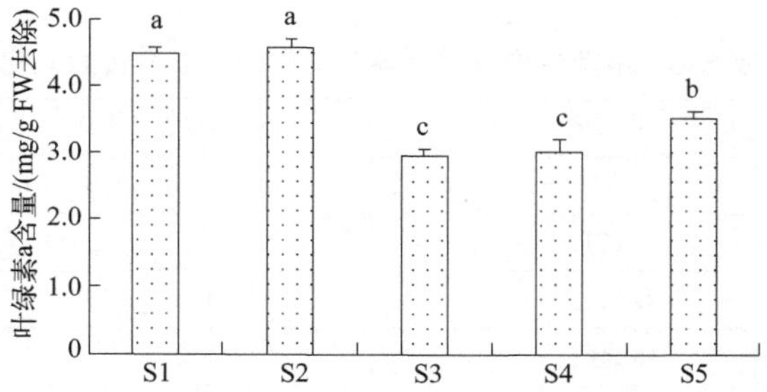

图 3-4　不同样地小麦的叶绿素 a 含量

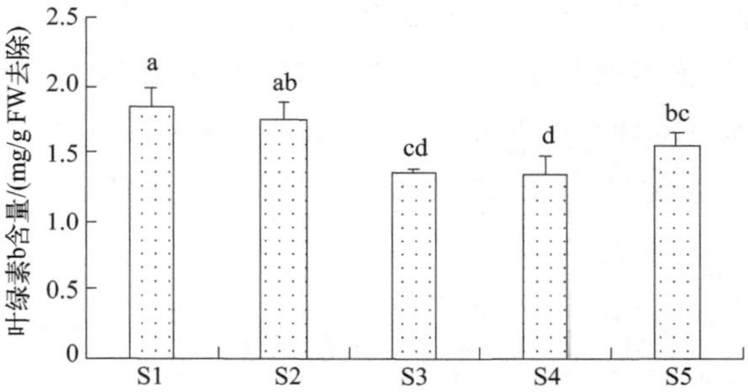

图 3-5　不同样地小麦的叶绿素 b 含量

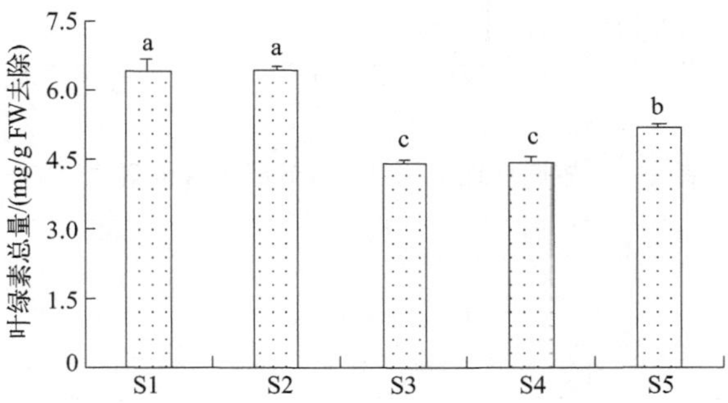

图 3-6　不同样地的叶绿素总量

（2）胡豆。从表 3-8 中可以看出，胡豆叶片叶绿素含量总体呈现出随着污染程度的增加，叶绿素含量减小的变化趋势，煤矸石后缘区土壤培养下胡豆的叶绿素 a 与煤矸石场区域下的叶绿素 a 含量无显著差异，煤矸石后草地、复垦区以及生活区农田与煤矸石场区域均存在显著性差异，而叶绿素 b 除在煤矿区后草地与生活区农田区域与煤矸石场有显著差异外，其他区域均不存在显著性差异，叶绿素 a、b 含量除煤矿区后缘区域与煤矸石场无显著差异外，其他均有显著差异。基于综合情况分析，胡豆植株的光合作用在不同污染程度土壤的培养下生长存在差异，且污染越严重，光合作用能力越低。

表 3-8 不同污染程度土壤下植物叶绿素含量的变化 单位：mg/g

样地	叶绿素 a 含量	叶绿素 b 含量	叶绿素 a 和 b 含量总量
S1	5.372±0.212b	2.465±0.114a	7.819±0.191b
S2	4.455±0.151c	2.200±0.071bc	6.733±0.534c
S3	4.654±0.041c	2.068±0.161c	6.697±0.051c
S4	5.281±0.196b	2.165±0.105c	7.826±0.413b
S5	6.157±0.107a	2.372±0.052ab	8.645±0.226a

（3）豌豆。用距离煤矿区污染源中心不同距离的土壤对豌豆苗土培 30 天发现，在污染源中心，豌豆苗叶片叶绿素含量均受到明显的抑制作用。豌豆苗叶片的叶绿素 a 含量在 S3 处最低，且 S3 处的豌豆苗叶片叶绿素 a 含量与 S1、S2 和 S4 处有显著差异（图 3-7）。在 S3 处豌豆苗叶片叶绿素 b 含量最低，与 S1、S2 和 S4 处有显著差异（图 3-8）。豌豆幼苗叶片的叶绿素总量随着采样点的变化，呈现出先升后降的趋势，且 S3 处的叶绿素总量与其他样地有显著差异（图 3-9）。

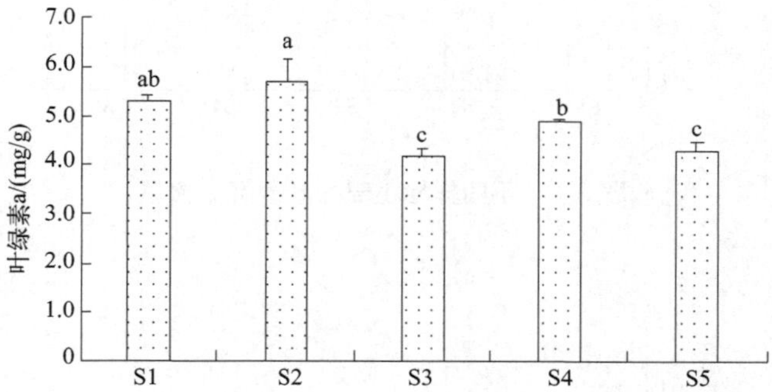

图 3-7 不同样地中豌豆叶片叶绿素 a 含量的影响

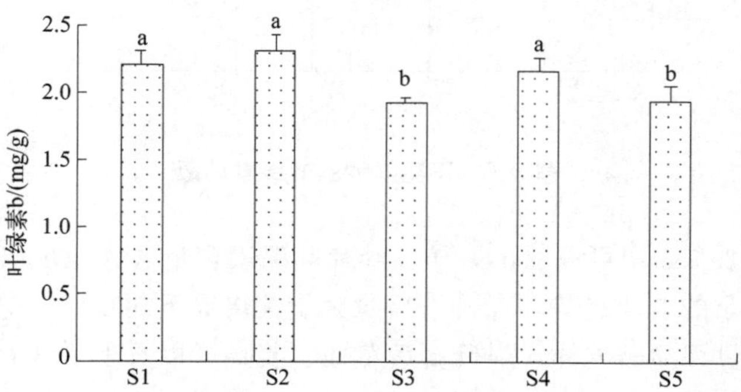

图 3-8 不同样地中豌豆叶片叶绿素 b 含量的影响

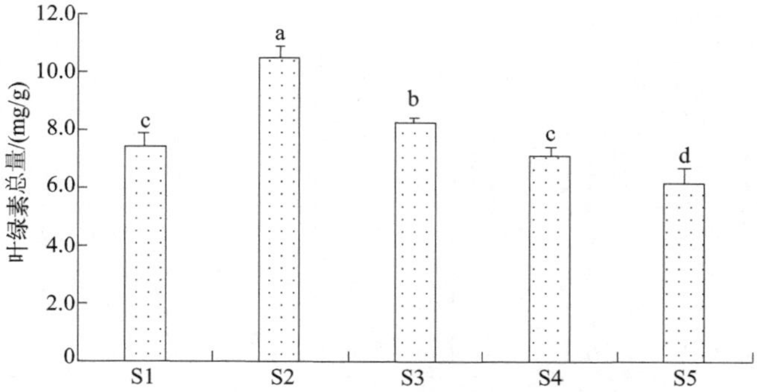

图 3-9　不同样地中豌豆叶片叶绿素总量的影响

3.2.4.3　重金属污染对三种作物叶片中丙二醛含量的影响

（1）小麦。根据图 3-10 可知，随着离煤矸石场（S3）距离的增大，其样地所种植小麦体内的 MDA 含量有逐渐上升的趋势。S2 的 MDA 含量显著高于其余四个样地。

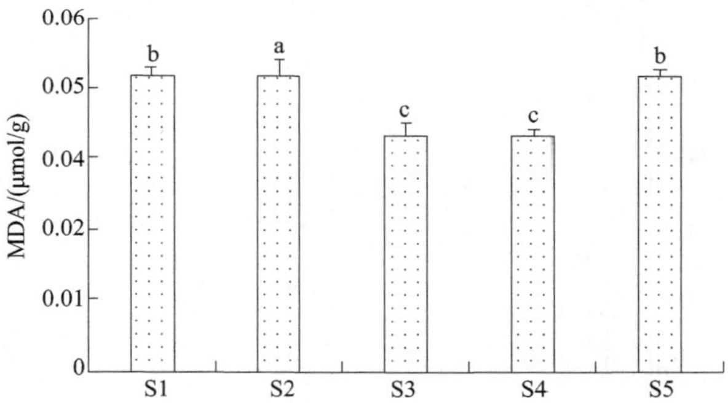

图 3-10　不同样地小麦叶片中的 MDA 含量

（2）胡豆。表 3-9 显示，胡豆叶片中 MDA 含量除煤矸石后草地与生活区农田无显著差异外，其他区域均有显著差异。

表 3-9　不同样地胡豆叶片中的 MDA 含量

样地	MDA 含量/(μmol/g)	样地	MDA 含量/(μmol/g)
S1	0.032±0.000d	S4	0.033±0.000c
S2	0.038±0.000b	S5	0.031±0.000d
S3	0.040±0.000a		

（3）豌豆。随着距离污染源中心远近的变化，豌豆幼苗叶片的 MDA 含量呈现出先上升后下降的变化趋势，S3 处的 MDA 含量显著高于其他四个样地，且 S3 处的 MDA 含量与其他样地存在显著差异（图 3-11）。

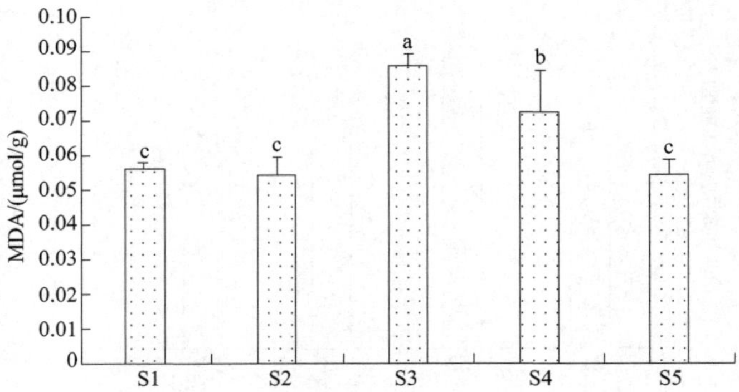

图 3-11 不同样地中豌豆叶片中的 MDA 含量

3.2.4.4 重金属污染对三种作物幼苗的抗氧化酶活性的影响

（1）小麦。由图 3-12 和图 3-13 可知，五个样地的小麦体内的 CAT 含量和 POD 含量在一定程度上具有相同的变化趋势，局部均是先上升后下降。S1 的 CAT 含量和 POD 含量均为同组内的最小值且标准偏差较小，具有一定的关联性。

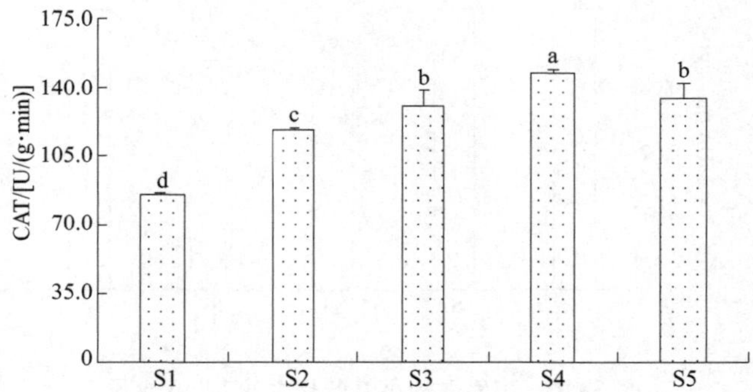

图 3-12 不同样地小麦体内 CAT 含量

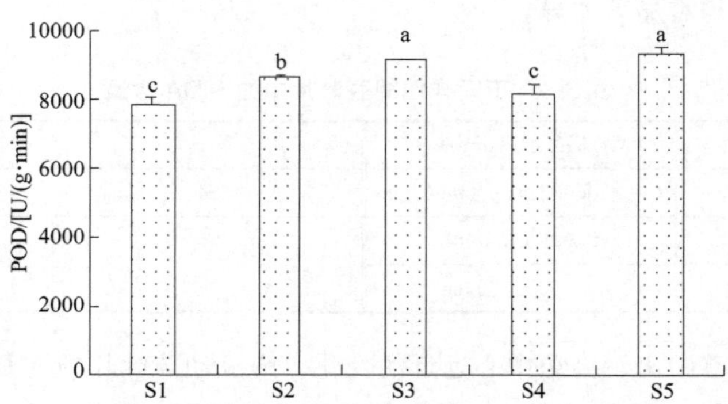

图 3-13 不同样地小麦体内 POD 含量

（2）胡豆。由表 3-10 可知，不同污染程度下胡豆的 CAT 活性均与煤矸石场区域存在显著性差异，且 CAT 与 POD 活性均对植物体内的活性氧化自由基起着清除的作用，从而阻止对植物的过氧化，而随着污染程度的增加，CAT 与 POD 活性均存在减小的趋势，从而抑制植物的生长。

表 3-10 不同样地胡豆植株体内过氧化酶活性的变化

样地	CAT 活性/[U/(g·min)]	POD 活性/[U/(g·min)]
S1	146.311±3.449a	7861.875±189.725b
S2	110.235±8.364b	8517.500±54.127a
S3	81.709±1.412c	7603.542±113.677c
S4	145.178±3.381a	7904.583±111.905b
S5	138.367±0.342a	7205.208±112.148d

（3）豌豆。随着采样点的变化，豌豆苗叶片 POD 活性呈现出先下降再升高的变化趋势，数值在 S1 和 S5 处相对较高，在 S2、S3 和 S4 处相对较低，且 S3 处的 POD 活性与 S1 和 S5 处的 POD 活性存在显著差异（图 3-14）。豌豆苗叶片 CAT 活性随着距污染源距离的变化呈现出先升后降再升的变化趋势，数值在 S1 最低，在 S5 最高，且 S3 处的 CAT 活性与 S1、S4 和 S5 存在显著差异（图 3-15）。

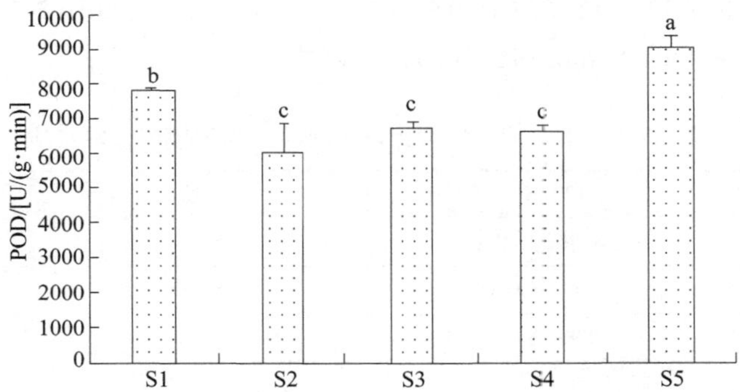

图 3-14 煤矿区土壤污染对豌豆叶片 POD 活性的影响

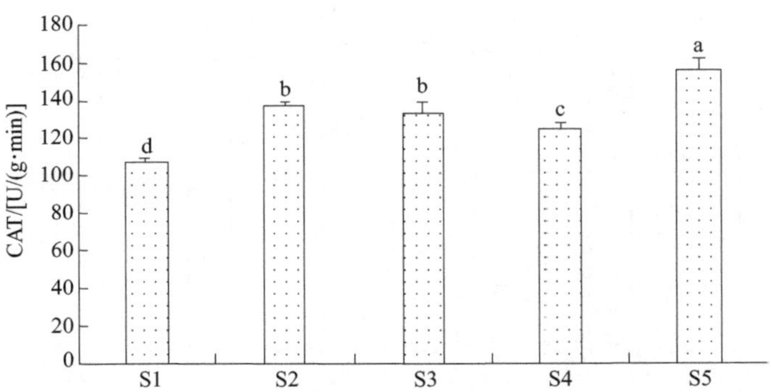

图 3-15 煤矿区土壤污染对豌豆叶片 CAT 活性的影响

3.2.4.5 重金属污染对三种作物幼苗膜透性的影响

（1）小麦。由图 3-16 可知，随着与煤矸石场（S3）距离的增大，其样地所种植小麦体内的相对电导率有逐渐下降的趋势。S3 的相对电导率最大，S1 的相对电导率最小。

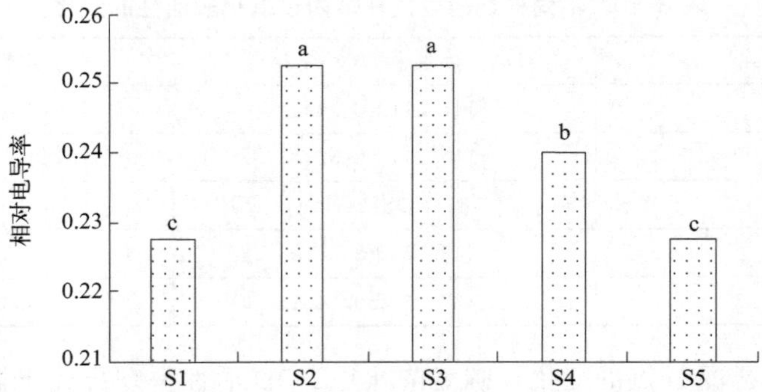

图 3-16 不同样地小麦幼苗的膜透性（相对电导率）

（2）胡豆。从表 3-11 中可知，胡豆植株的相对电导率除煤矸石区域与复垦区不存在显著差异外，其他区域均存在显著差异，而煤矸石后缘区域土培下胡豆植物的相对电导率最高。综合情况分析表明，随着污染程度的增加，胡豆相对电导率都呈现增加的趋势，也表明污染情况严重区域的土培植物受到的损害最大。

表 3-11 不同污染程度土壤下对胡豆幼苗膜透性的影响

样地	相对电导率	样地	相对电导率
S1	0.358±0.012c	S4	0.384±0.008b
S2	0.421±0.016a	S5	0.313±0.006d
S3	0.397±0.017b		

（3）豌豆。随着距离污染源中心远近的变化，豌豆幼苗叶片的膜透性呈现出先上升后下降的变化趋势，在 S3 处最高，且 S3 处的膜透性与 S1 处存在显著差异（图 3-17）。

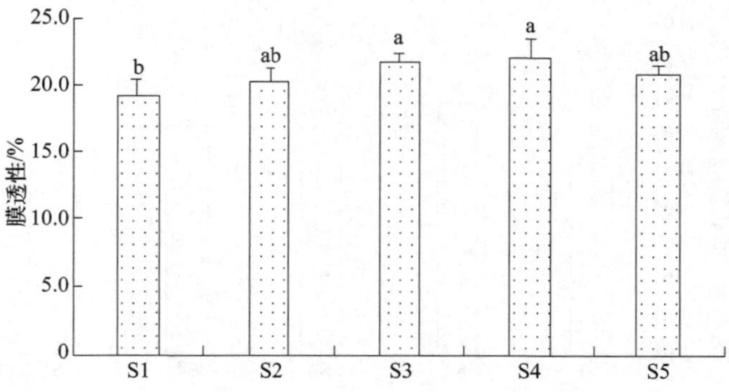

图 3-17 煤矿区土壤污染对豌豆叶片膜透性的影响

3.3 重金属污染的生态风险评价

3.3.1 重金属含量的测定

将处理好的蔬菜和土壤样品进行消解，使用电子天平准确称量经过100目筛的土样0.2000g（精确到0.0001），将称量后的土样倒在洁净的聚四氟乙烯消化管中，并向消化管中加入3mL盐酸、9mL硫酸、10mL氢氟酸。将各消化管放到通风橱中的消化炉上，等到消化炉的温度达到200℃时开始计时，然后拧紧聚四氟乙烯盖子消解2～3h，直至溶液消解只剩余2～3mL或接近干燥，这时的溶液几乎呈现无色，再加入3mL的高氯酸，再继续加热消解1～2h。然后把消化管盖子打开，让高氯酸受热散发，等到管中溶液停止冒白烟时，将消化管取出冷却至室温，再用洁净的蒸馏水清洗消化管管口的结晶体，然后继续消解，使样品更加充分地被消解。温度达到200℃时，应打开盖子持续加热40min左右，等到溶液接近变干，再重复吹洗一次，等到第二次接近变干时，关闭消化炉并冷却，加入之前已经配好的0.2%的稀硝酸40mL左右，摇晃均匀后用容量瓶定容到50mL后倒入塑料小瓶中保存备用。元素分析测试同时进行空白试验（消解时不加土壤样品）、有证标准物质元素含量的分析测试和质量控制（土壤成分分析标准物质，GBW07407）。

全部的消解液样品经0.45μm滤膜抽滤后，用电感耦合等离子体发射光谱仪（ICP-OES）进行测定，分析土壤中Cu、Zn、Pb、Cd、Cr、Ni和Mn共7种重金属含量。所有结果都满足实验室质控要求，标准偏差在±10%之间。测量过程中每测量9～12个样品，穿插测量1次最大浓度的标液，保证对应标液的回收率在100%±10%之间时继续进行样品测定，否则重新校准设备，重新测样。

3.3.2 生态风险指数法

土壤重金属污染的潜在生态风险使用生态风险指数（IR）进行评价。

$$\mathrm{IR}=\sum_1^n E_r^i=\sum_1^n T_r^i\times\frac{C_i}{C_n^i}$$

式中，IR为土壤中多种重金属潜在生态风险指数；n为重金属的种类数量；E_r^i为第i种重金属的潜在生态风险指数；C_i为单一元素实测含量；C_n^i为单一元素参比值，以农用地土壤污染风险筛选值（$6.5<\mathrm{pH}\leqslant 7.5$）作为参比值；$T_r^i$为第$i$种重金属元素的毒性系数，7种重金属（Pb、Cd、Cr、Zn、Cu、Ni和Mn）的毒性系数分别为5、30、2、1、5、5和2（表3-12）。

表3-12 常见重金属的生态毒性系数

元素	Cu	Zn	Pb	Cd	Cr	Ni	Hg	As	Mn	Co	Ti	V
毒性系数	5	1	5	30	2	5	40	10	1	5	1	2

IR＜150 表示低潜在生态风险，150＜IR＜300 表示中等潜在生态风险，300＜IR＜600 表示较高潜在生态风险，IR≤600 表示极高潜在生态风险。E_r^i＜40 表示低潜在生态风险，40≤E_r^i＜80 表示中等潜在生态风险，80≤E_r^i＜160 表示较高潜在生态风险，160≤E_r^i＜320 表示高潜在生态风险，E_r^i≥320 表示很高潜在生态风险。

3.4 食用蔬菜的人群健康风险评价

3.4.1 健康风险评价方法

（1）生物富集系数

$$\mathrm{BCF}=\frac{C_{作物}}{C_{土壤}}$$

式中，$C_{作物}$和$C_{土壤}$分别为蔬菜及其根际土壤中的重金属含量（干重）。

（2）人群健康风险指数和危害指数。人群健康风险指数（HRI）和危害指数（HI）可以量化摄入重金属对公众健康的潜在风险。根据各重金属的口服参考剂量（$\mathrm{R_fD}$）评估通过食用受污染的蔬菜而产生的健康风险。使用 HI 评估多种重金属的累积健康风险。HRI＜1 或 HI＜1 表示暴露水平安全。

$$\mathrm{DIE}=C_{重金属}\frac{D_{进食量}}{B_{平均体重}}$$

$$\mathrm{HI}=\sum\mathrm{HRI}=\frac{\mathrm{DIE}_1}{\mathrm{R_fD_1}}+\frac{\mathrm{DIE}_2}{\mathrm{R_fD_2}}+\cdots+\frac{\mathrm{DIE}_i}{\mathrm{R_fD}_i}$$

式中，DIE 为重金属日进食量，mg/(kg・d)；$C_{重金属}$为蔬菜中重金属含量，mg/kg；$D_{进食量}$为蔬菜日进食量，kg/d。

通过对当地居民的问卷调查，得出儿童（3～12 岁）和成人（18～60 岁）的人均蔬菜摄入总量分别为 0.230kg/d 和 0.345kg/d，其中儿童摄入香辛类、块根类和叶菜类比例约为 0.5∶6∶3.5，分别为 0.0115kg/d、0.1380kg/d 和 0.0805kg/d，成人摄入香辛类、块根类和叶菜类比例约为 1∶3∶6，分别为 0.0345kg/d、0.1035kg/d 和 0.2070kg/d；$B_{平均体重}$为不同人群的平均体重，kg，参考第五次国民体质监测公报，儿童按 19kg 计，成人按 63kg 计；$\mathrm{R_fD}$ 是对人每日暴露量的估计，mg/(kg・d) 认为低于该暴露量，不太可能具有明显的有害作用风险，Cr、Ni、Cu、Zn、Pb、Cd 和 Mn 的 $\mathrm{R_fD}$ 分别为 0.003mg/(kg・d)、0.02mg/(kg・d)、0.04mg/(kg・d)、0.3mg/(kg・d)、0.004mg/(kg・d)、0.001mg/(kg・d)、0.14mg/(kg・d)。

3.4.2 原位蔬菜根际土壤重金属含量与污染程度

表 3-13 显示渝西某废弃煤矿周边农田样地根际土壤中 Cu（除油菜地）、Zn（除红薯地和油菜地）、Pb 和 Cd 元素含量在各样地均超过重庆土壤背景值。其中 Cd 含量高出重庆市土壤背景值 3.2～10.1 倍。在普通白菜地的根际土壤中：Cd 污染最严重，已超出农

用地土壤污染风险管制值。Cu 和 Pb 含量显著高于其余蔬菜地（$P<0.05$），且均超过了农用地土壤污染风险筛选值，对农产品质量安全、农作物生长或土壤生态环境存在潜在风险。

表 3-13　各蔬菜地根际土壤中重金属含量　　单位：mg/kg

各样地的土壤	Cu	Pb	Zn	Cd	Cr	Ni	Mn
野葱	25.88± 0.69g	48.51 ±3.84d	112.05 ±1.04e	1.27 ±0.09bc	50.94 ±1.81cd	22.64 ±0.68c	415.05 ±9.10d
青蒜	33.69 ±1.03f	48.80 ±2.28d	131.16 ±9.01c	0.93 ±0.10c	56.68 ±0.27bc	23.53 ±1.15c	374.87 ±8.67e
大葱	37.06 ±2.85e	52.24 ±3.81d	118.51 ±2.17de	1.77 ±0.34b	54.59 ±5.36c	23.36 ±2.84c	454.86 ±8.19c
白萝卜	42.31 ±1.05d	47.84 ±1.53d	88.35 ±0.18f	1.77 ±0.24b	56.14 ±4.68c	33.56 ±3.46a	372.69 ±6.27e
红薯	31.21 ±1.84f	46.31 ±0.11d	62.83 ±3.83h	1.04 ±0.05c	44.96 ±4.687d	28.35 ±0.05b	349.788 ±8.24f
油菜	24.77 ±0.41g	62.74 ±7.54c	75.505 ±6.923g	1.77 ±0.06b	46.09 ±0.497d	21.93 ±0.86c	412.41 ±5.77d
普通白菜	63.58 ±0.026a	92.45 ±1.50a	123.04 ±0.92cd	2.93 ±0.14a	63.48 ±1.26ab	28.35 ±1.50b	503.12 ±5.84b
冬葵	50.73 ±0.41c	82.23 ±0.76b	203.39 ±1.973a	1.66 ±0.29b	66.10 ±1.30a	30.67 ±1.64ab	488.21 ±8.03b
豌豆	56.04 ±1.37b	83.17 ±0.00b	141.19 ±0.58b	1.70 ±0.57b	59.64 ±2.90ab	29.07 ±1.33b	545.39 ±8.82a
SbvC	25.64	29.62	84.72	0.29	73.57	30.29	482
筛选值	50	90	200	0.3	150	70	—
管制值	—	500	—	2.0	850	—	—

注：1. 表中菜地名称表示种植该蔬菜的土壤，下同。

2. 同列数据后不同小写字母表示样地间差异显著（$P<0.05$）。

3. SbvC 表示重庆土壤背景值（Soil background value of Chongqing）。

4. 表中筛选值和管制值选自《土壤环境质量　农用地土壤污染风险管控标准（试行）》（GB 15618—2018）。

如图 3-18 所示为蔬菜地土壤重金属的地累积指数，显示各样地土壤的 Pb、Cd 污染均在中度污染及以上，其中普通白菜地、油菜地、冬葵地、豌豆地的 Pd 污染已达到强污染水平。

3.4.3　蔬菜根际土壤潜在生态风险评价

使用潜在生态风险指数（IR）评价各蔬菜地土壤重金属复合污染的综合生态风险。如图 3-19 显示：普通白菜地的综合生态风险最高（302.635），呈现较高的潜在生态风险，在大葱地、白萝卜地、油菜地、冬葵地、豌豆地为中等潜在生态风险（150<IR<300）。

在所有样点上，Cd 元素污染的单因子潜在生态风险指数最高，根块类蔬菜的白萝卜地土壤中高达 177.165，表现为高潜在生态风险，对综合生态风险的贡献率最大（表 3-

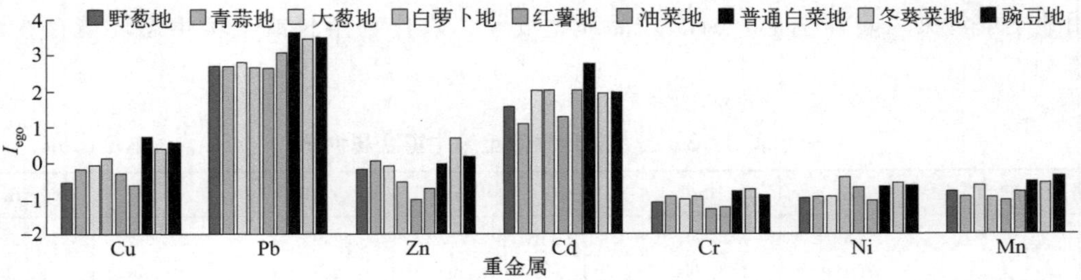

图 3-18　蔬菜地土壤重金属的地累积指数

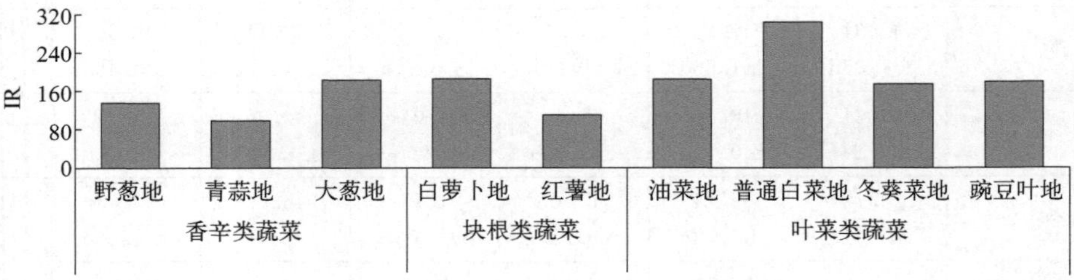

图 3-19　蔬菜地土壤重金属复合污染的潜在生态风险指数

14)。整体而言，叶菜类蔬菜的土壤重金属复合污染的潜在生态风险指数较高。

表 3-14　各蔬菜地土壤重金属单因子潜在生态风险指数

各蔬菜样地的土壤		Cu	Pb	Zn	Cd	Cr	Ni
香辛类蔬菜	野葱	1.294	2.021	0.448	127.226	0.509	1.132
	青蒜	1.684	2.033	0.525	92.504	0.567	1.176
	大葱	1.853	2.177	0.474	177.417	0.546	1.168
块根类蔬菜	白萝卜	2.115	1.993	0.353	177.165	0.561	1.683
	红薯	1.560	1.930	0.251	104.167	0.450	1.415
叶菜类蔬菜	油菜	1.238	2.614	0.302	177.383	0.461	1.097
	普通白菜	3.179	3.852	0.492	293.060	0.635	1.418
	冬葵	2.536	3.426	0.814	165.795	0.661	1.533
	豌豆叶	2.802	3.465	0.565	169.560	0.596	1.453

3.4.4　蔬菜可食用部分重金属含量与单因子污染指数

利用不同的卫生标准/污染物限量（HS/LC）对各蔬菜可食部分中的重金属进行评估（表 13-5）。结果显示 Cu 含量均低于食品中污染物的限量，而 Zn（除青蒜和大葱外）、Pb、Cr 和 Ni 均不同程度地超过了对应的卫生标准/污染物限量，最高含量分别是对应的卫生标准/污染物限量的 3.93 倍、11.77 倍、9.39 倍、17.46 倍。

表 3-15　各蔬菜可食部分中重金属含量（$N=3$）　　单位：mg/kg

类别	Cu	Pb	Zn	Cd	Cr	Ni	Mn
野葱	5.90 ±0.47a	2.52 ±0.36abc	78.56 ±3.17a	0.00 ±0.00c	4.33 ±0.06a	10.48 ±0.50a	39.19 ±1.78c
青蒜	2.22 ±0.32e	2.02 ±0.71abc	18.12 ±1.18e	0.14 ±0.04b	2.00 ±0.21b	2.67 ±0.47d	14.72 ±0.11f
大葱	3.16 ±0.16cd	2.02 ±0.36abc	12.19 ±2.54e	0.00 ±0.00c	1.84 ±0.20b	1.74 ±0.34d	25.50 ±0.71e
白萝卜	3.61 ±0.06c	1.14 ±0.31bc	33.67 ±1.57cd	0.07 ±0.02bc	4.47 ±0.55a	2.90 ±0.57d	14.32 ±0.19f
红薯	2.69 ±0.39de	1.05 ±0.03c	28.37 ±1.23d	0.05 ±0.00bc	2.10 ±0.02b	2.45 ±0.11d	11.51 ±0.49g
油菜	4.43 ±0.324b	3.53 ±0.36a	38.09 ±5.470c	0.28 ±0.04a	4.66 ±0.38a	5.67 ±1.22c	71.75 ±0.86a
普通白菜	4.42 ±0.54b	2.78 ±1.29ab	34.24 ±4.83cd	0.12 ±0.06b	4.08 ±0.21a	7.74 ±0.81b	39.30 ±1.16c
冬葵	5.63 ±0.20a	3.53 ±1.29a	50.03 ±2.21b	0.14 ±0.11b	4.08 ±0.25a	6.21 ±1.18c	29.33 ±0.55d
豌豆	6.06 ±0.47a	2.02 ±0.36abc	40.42 ±1.54c	0.12 ±0.02b	4.33 ±0.21a	5.07 ±0.34c	46.74± 1.38b
HS/LC	(1)10	(2)0.1①/0.3②	(3)20	(2)0.1①/0.2②	(2)0.5	(4)0.6	(5)20

注：1. 同列数据后不同小写字母表示样地间差异显著（$P<0.05$）。

2. HS/LC 表示卫生标准/污染物限量，其中：(1)《食品中铜限量卫生标准》(GB 15199—94)；(2)《食品安全国家标准　食品中污染物限量》(GB 2762—2022)（含第 1 号修改单），由国家卫生健康委员会和国家市场监督管理总局于 2022 年 6 月 30 日发布；(3)《食品中锌限量卫生标准》(GB 13106—1991)；(4) 联合国粮食及农业组织与世界卫生组织共同创建的国际食品法典委员会标准；(5) 因国内暂无蔬菜中锰含量限值，而锰在正常人体的含量为 10～20mg/kg，故参考 20mg/kg；①表示块根类；②表示叶菜类。

如图 3-20 所示，7 种重金属单因子污染指数在各类蔬菜中的累积值表现为叶菜类＞块根类＞香辛类（野葱除外），其中 Pb 和 Ni 元素是主要的贡献元素，其贡献率分别为 20.51%～48.73%、16.93%～42.59%。整体而言，野葱和油菜是 9 种蔬菜中重金属超标比较严重的蔬菜，应持续关注。

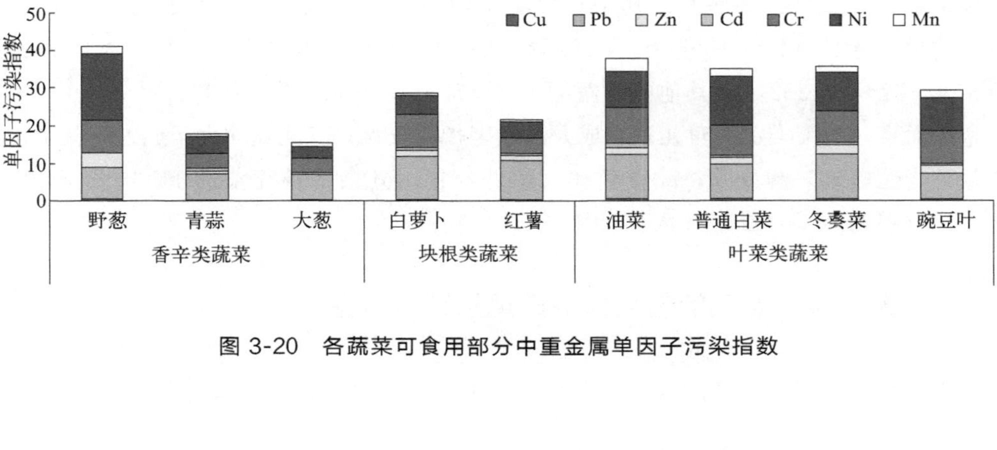

图 3-20　各蔬菜可食用部分中重金属单因子污染指数

3.4.5 蔬菜可食用部分的重金属 BCF 值

生物富集系数（BCF）可反映重金属从土壤向作物中的转移能力或作物富集重金属的能力。表 3-16 显示，Zn 和 Ni 在蔬菜中的富集系数较大，其中 Zn 在野葱中富集指数最高，达到 0.701。由富集系数平均值可知，各种蔬菜富集重金属能力大小为野葱＞油菜＞普通白菜＞豌豆叶＞冬葵＞红薯＞白萝卜＞青蒜＞大葱。整体而言，除野葱外，蔬菜富集能力表现为叶菜类＞块根类＞香辛类。

表 3-16 各蔬菜可食用部分中重金属 BCF 值

类别		生物富集系数(BCF)							平均值
		Cu	Pb	Zn	Cd	Cr	Ni	Mn	
香辛类蔬菜	野葱	0.228	0.052	0.701	0.000	0.085	0.463	0.094	0.232
	青蒜	0.066	0.041	0.138	0.150	0.035	0.114	0.039	0.083
	大葱	0.085	0.039	0.103	0.000	0.034	0.074	0.056	0.056
块根类蔬菜	白萝卜	0.085	0.024	0.381	0.039	0.080	0.086	0.038	0.105
	红薯	0.086	0.049	0.452	0.045	0.047	0.087	0.033	0.114
叶菜类蔬菜	油菜	0.179	0.056	0.504	0.157	0.102	0.259	0.174	0.204
	普通白菜	0.070	0.030	0.278	0.042	0.064	0.273	0.078	0.119
	冬葵	0.111	0.043	0.246	0.084	0.062	0.202	0.060	0.115
	豌豆叶	0.108	0.024	0.286	0.073	0.073	0.175	0.086	0.118

3.4.6 蔬菜食用的人群健康风险评价

比较各蔬菜可食用部分不同重金属 HRI 值对 HI 值的贡献率可知（图 3-21），Cr 和 Pb 是主要的贡献元素，其贡献率分别在 40.06％～64.97％、17.15％～33.52％。

由于儿童与成人饮食结构和习惯不同，摄入三类蔬菜对儿童的危害指数（HI）表现为：块根类＞叶菜类＞香辛类，其中块根类中白萝卜对儿童的危险指数高达 16.656。而对成人的危害指数（HI）表现为：叶菜类＞块根类＞香辛类，其中叶菜类对成人的危险指数在 9.672～12.352，是其他两类蔬菜的 2.57～14.56 倍（图 3-22）。

整体而言，叶菜类蔬菜对儿童和成人的危害指数较大，且儿童均大于成人，其中油菜＞冬葵菜＞普通白菜＞豌豆叶；除青蒜和大葱外，食用其余 7 种蔬菜的 HI 均大于 1，表明食用当地种植的蔬菜存在潜在人体健康风险。

3.4.7 土壤污染生态风险与人体健康风险评价讨论

九种菜地的土壤重金属中，Cu（除油菜地）、Zn（除红薯地和油菜地）、Pb、Cd 这

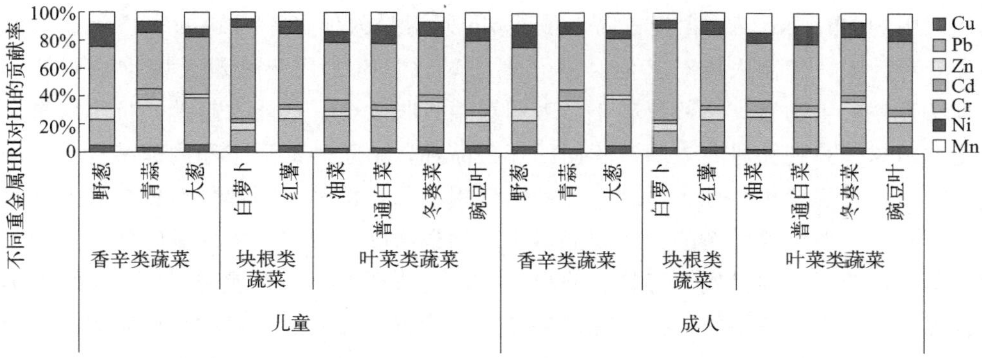

图 3-21　各蔬菜可食用部分中不同重金属 HRI 值对 HI 值的贡献率

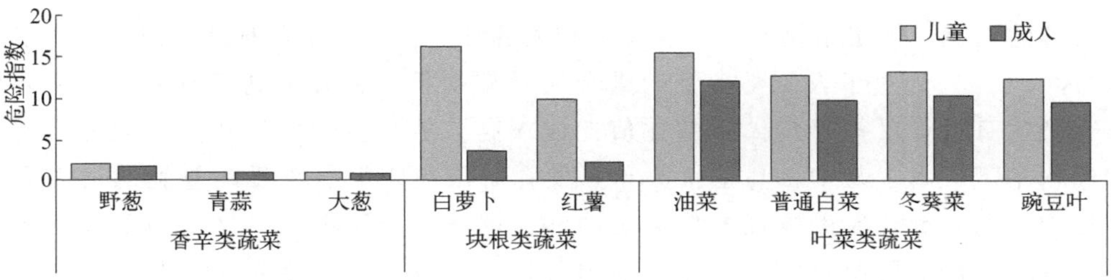

图 3-22　各蔬菜可食用部分对儿童和成人的 HI 值

4 种元素含量在各样地均超过重庆土壤背景值，其中土壤 Cd 污染最为严重，已超过农用地土壤污染风险管制值。与其他学者关于渝西某采煤迹地土壤受到多种重金属复合污染的研究结果一致。有研究收集了陕西省各地采煤迹地 175 份土壤和各类粮食作物样品，分析得出煤矿开采活动向土壤释放了大量的有毒元素（Cr、Cu、Ni、Pb、Cd 等），并指出：大部分耕地、粮食食品和蔬菜均受到这些有毒元素不同程度的污染。可见煤矿开采会对人类健康和环境安全造成很大的风险。地累积指数可以判别人为活动对环境的影响，是区分人为活动影响的重要参数。各蔬菜地土壤 Pb、Cd 的地积累指数较高，达到中度以上，可见其与当地煤矿的开采有直接关系。有研究显示，Pb 在煤矿井口、煤矸石场和周边农田土壤中的含量较高，也是对本研究结果的佐证。整体而言，蔬菜根际土壤潜在生态风险表现为叶菜类蔬菜地＞块根类蔬菜地＞香辛类蔬菜地（野葱除外），土壤重金属元素的复合污染在研究区普通白菜地呈现最高潜在生态风险，其原因有待进一步的探究。

本研究区蔬菜样地根际土壤中 Cd 污染严重，在各样地均已超过农用地土壤污染风险管制值，而 Cd 在蔬菜（除油菜外）中的富集量均低于《食品中污染物限量》（GB 2762—2017）。Cr 和 Ni（除白萝卜地、冬葵地外）在各样地均未超过重庆土壤背景值，但在蔬菜中均已超出限值。这与它们的生物富集能力有直接关系。本研究显示 Cd 元素在各种蔬菜中的生物富集系数较低，而 Zn 和 Ni 的生物富集系数最大。综合因素导致叶菜类和香辛类蔬菜中的 Pb、Ni、Zn 含量较高。虽然 Zn 元素是人体必不可缺的有益元素，但摄入过多会变利为害，抑制人体对其他必需元素的吸收。BCF 用于衡量土壤重金属被蔬菜吸收的难易程度，生物富集系数值越小，表明蔬菜吸收重金属的能力越差，抗土壤重金属污染的能力则越强。相关研究表明，不同的蔬菜品种，由于外部形态和内部结构在生理生化上存在差异，包括遗传特性、生理特性和生存因子等，使其不同部位对重金属的富集能力也出现差异。一般而言，新陈代谢旺盛器官，如根与叶，对重金属含量的富集能力一般要强于营养贮存器官，如果实、籽粒、块根。有研究表明，不同种类蔬菜对 Cd 的富集能力大小表现为叶菜类＞块根类。本研究结果显示：除野葱外，蔬菜对重金属富集能力表现为叶菜类＞块根类＞香辛类。其原因一方面与采煤迹地土壤重金属的积累有关，另一方面与采煤迹地空气扬尘中污染物的大气沉降作用有关。叶菜类蔬菜的叶片面积大、蒸腾作用强，空气中气态和尘态重金属易富集于植物叶面，进而通过叶片气孔的吸收进入蔬菜体内。

人群健康风险评价结果显示，除青蒜和大葱外，食用其余 7 种蔬菜对儿童和成人的 HI 均远大于 1，超过了人体可接受的重金属暴露水平，且儿童高于成人，其主要原因在于儿童的日进食量与平均体重的比值比成人高。值得我们关注的是，在相同的重金属暴露水平下，由于儿童自身抵抗力差，发育阶段组织器官承受污染物的能力和解毒能力较成人弱，重金属的毒性效应会更明显，因此，应该更多关注儿童健康。各元素的 HRI 对 HI 贡献最大的是 Cr 元素，究其原因：一方面在 9 种蔬菜中的 Cr 含量显著高于《食品中污染物限量》（GB 2762—2017）中的规定，另一方面 Cr 被世界卫生组织公认为毒性极强的元素之一，其参考剂量（$R_fD=0.003$）与其他元素相比较小，从而算得蔬菜中 Cr 的 HRI 较高，是综合 HI 的主要贡献元素。其次是 Pb，有学者在研究湖南株洲等大型铅锌冶炼厂附近的居民通过食用蔬菜造成的重金属健康风险中发现，Pb 和 Cd 对健康的危害最大，叶类蔬菜的污染往往比非叶类蔬菜更严重；且在冶炼厂周边 4km 范围内，采集到的 52 个蔬菜样品中超过 75％的 Pb 超标，这与本研究的结果较为一致。

整体而言，在废弃煤矿周边农田种植蔬菜存在一定的食品安全风险。本研究区中叶菜类蔬菜的健康危害指数最大，如油菜、普通白菜、冬葵、豌豆叶等，而种植大葱、青蒜和白萝卜相对而言健康风险较低。各元素在不同介质中表现出不同的潜在危害，应持续关注该废弃采煤迹地农田中上述元素的生态毒性效应，尤其是 Pb、Cd、Cr 元素。最后，建议在废弃采煤迹地开展农业生产的过程中，综合考虑土壤中的重金属污染程度，以及不同蔬菜对重金属的富集特性，优化作物品种组合，以保障废弃煤矿毗邻区域农作物的清洁生产和采煤迹地农业资源的合理化利用。

本研究的不足之处在于仅仅针对当地种植较多的叶菜类、块根类和香辛类蔬菜进行了健康风险评价，不够全面。其他类别蔬菜的重金属污染监控也应同步关注，如茄果类、根菜类、豆荚类等，以更好地为采煤迹地周边蔬菜重金属污染的健康风险管控与污染防治提供数据支撑。

渝西某废弃煤矿的开采加重了周边农田土壤中的重金属污染，其中 Pb、Cd 的地累积作用最为显著。各蔬菜对重金属的富集能力表现为叶菜类＞块根类＞香辛类（除野葱外），其中 Pb、Ni 的生物富集能力最强。食用当地种植的蔬菜存在潜在健康风险，其中食用叶菜类蔬菜的健康风险最高，与 Cr、Pb 相关的健康危害需重点关注。整体而言，为了保障废弃煤矿周边蔬菜的安全清洁生产和农业资源的合理化利用，综合土壤污染程度与蔬菜富集特性分析，建议在煤矿毗邻区域种植蔬菜时尽量少选择叶菜类蔬菜。

第4章

土壤重金属迁移对水生生物的毒性作用与生物监测

沉积物是水环境中各类污染物的主要承载体，重金属等各类污染物进入水体后会在沉积物中不断蓄积，成为水体潜在新污染源，一旦水环境发生变化，沉积物中的重金属就会被再次释放而损害水环境，造成二次污染，进而直接或间接影响人类健康。同时，沉积物还是两栖类幼体等水生生物的营养来源，沉积物中重金属等污染物质直接影响着它们的生存质量。

研究表明，大部分矿区周围水域沉积物重金属含量超标，长期威胁着土著生物和居民健康，存在较强的潜在生态风险。采煤迹地废水渗漏是下游沉积物重金属污染的主要来源之一，由于管理和维护不当等多种原因，矿区有毒有害物质流入地表径流、湖泊等水体环境中，损害生物多样性。相较于河流上、下游区域，矿区段沉积物重金属的综合潜在生态风险更大。重金属具有种类繁多、不可逆、持久性强和难以治理等特点，无法在自然环境中降解，但可通过吸附作用蓄积到沉积物中，进而经过食物链的放大作用，危害水生生物以及人类健康，如Cd具有很强的致癌、致畸作用，对生物生长发育造成较大影响。研究发现，当无尾两栖类蝌蚪受到重金属污染胁迫时，其形态、存活率、畸形率以及个体活动均产生较大变化，并且对组织水平、生理生化水平以及染色体水平造成严重损伤。研究发现，重金属复合污染通过损伤DNA、增加细胞微核率以及扰乱性激素分泌，从而对花背蟾蜍雄性性腺造成毒害作用；甲基汞、Cd和As（Ⅲ）具有细胞毒性，并诱导发生氧化应激反应和细胞凋亡，从而对太平洋红鲷鱼产生影响；长期处于重金属污染的环境下，花背蟾蜍在生命周期早期用于免疫和抗氧化的能量分配显著降低。

生物监测技术通过生物个体、种群或群落因环境变化而产生的生理生化反应和群落结构变化等，直接反映环境污染的潜在毒性作用，指示环境污染程度及其导致综合生物效应的重要化学污染因子，被认为能够解决理化分析不能全面评估环境污染综合生态毒性效应的问题。因此，通过生物监测技术评估沉积物污染程度及其对水生生物的毒性效应，指示性更强。

生物监测与传统理化分析方法相比的主要优点如下。

(1) 能够了解污染物质在时间和空间上的累积效应。

(2) 可确定环境污染物暴露和风险的对应关系。通过生物反应的特异性，从机理上了解对生物的危害性影响，弄清因果关系。

(3) 应用不同生境或不同营养级的生物种群，揭示污染物不同的暴露途径，这将有益于确定优先检测污染物的次序，为采取何种干预和补救措施，提供科学依据。

(4) 能够表现混合污染物之间毒性相互作用的积累效应。

(5) 对于在环境中易代谢、降解的污染物，微生物标志物能同时指示母体化合物和代谢产物的暴露和毒性效应。

(6) 若将不同层次生物（从分子到种群）所采用的一系列测定，加以研究整理，通过生物标志物的短期变化，预测污染物的长期生态效应。

由于生物监测可以克服理化方法的局限性，目前已经成为监测和评估水质的重要手段。发达国家十分重视生物监测的应用，欧美国家早在 20 世纪初便开始把生物监测应用于毒性评价，50 年代后，一些国家相继应用本地区指示生物来监测水质和大气污染，如美国在排水管理中引入了生物监测技术，加拿大 1971 年颁布的《渔业法》中对纸浆厂的排水规定了鱼类的急性毒性标准，用在排水中 4 天内鱼类的成活率来判断排水是否符合标准。目前生物监测的应用越来越广泛，并逐渐成为环境监测的重要组成部分。

我国生物监测起步较晚，20 世纪 80 年代才逐步应用于环境监测，目前尚未形成系统化、标准化的生物监测技术体系，毒理学指标的监测，目前国家标准仅有 3 个生物学指标，且多为推荐性标准，而国际标准化组织（International Organization for Standardization，ISO）标准已经有几十种，因此我国生物监测体系尚待进一步发展和完善。

我国已开展的针对水体的生物监测主要在激流与缓流水域、城市河段、纳污水域、水源保护区、潮汐河流潮间带、湖泊（水库）的进出口、岸边水域、开阔水域、汉湾水域、纳污水域等，生物标志物综合指数（IBRv2）应运而生，并在环境复合污染评估中起到重要作用。薄军等利用 IBRv2 法和 CYP1A 多种生物标志物监测技术更加全面地反映了石油类污染的生物毒性效应。Si 等利用 IBRv2 法评价了尾矿库周边地下水中重金属污染程度和扩散范围，结果显示与内梅罗综合污染指数法等物化监测评价结果高度一致。

然而，生物标志物种类繁杂，且在不同生物学水平上各指标的测定方法、难易程度和成本差别很大，且缺乏明确的标准和规范。尤其是在野外自然环境中，不同的复合污染类型和受试生物物种差异对生物监测结果影响很大，从而导致生物标志物的优选和适用性还需广泛研究及探索。本书中使用的美国青蛙为当地大规模饲养的两栖类动物。两栖类动物幼体常取食沉积物，不能脱离水体，皮肤具有高渗透性，对水质变化较为敏感。研究显示，蝌蚪对水环境中的重金属污染物有较高的富集能力，在低污染浓度下可能导致蝌蚪发育异常甚至致畸。这种特殊的生理特性使得两栖类动物常被作为一种检测水环境质量的良好指示性生物。目前，国内学者关于采煤迹地水体污染对两栖类动物的生态毒性效应研究较多，生物标志物及其综合生物指数在我国水生环境质量评估中也有广泛应用，但关于采煤迹地沉积物污染对两栖类动物的综合毒性效应研究较少。

综上可见，煤炭资源的开发产生一系列的生态环境问题，如加重水土流失、土壤系统污染和破坏，威胁农业清洁生产和人体健康等。因此，本研究在利用内梅罗综合污染指数和污染负荷指数评价采煤迹地周边水系中沉积物污染现状的同时，以 IBRv2 来指示沉积物重金属复合污染程度及其生态毒性效应，并分析两者之间的因果关系，明确导致综合生物效应的重要化学污染因子。

承接第 2 章和第 3 章对土壤及农田系统重金属污染的研究，本章进一步探究土壤重金属通过地表径流、渗滤等途径迁移至水体后的生态毒性。以采煤迹地下游沉积物为研究载体，采用蝌蚪、泥鳅等水生生物为指示物种，通过急性染毒试验分析沉积物中重金属的生物毒性效应，结合 IBRv2 建立生物监测体系，揭示煤矿废水排放对水生生态系统的潜在威胁，填补采煤迹地水体-沉积物-生物链污染研究的缺口。

4.1 样点设置和样品采集

在煤矿区（采矿迹地）的下游流域中设置沉积物采样点，以流经某采煤迹地的主要水系（小安溪和小溪流）为研究样地，以相对无污染的小安溪上游河段为对照样地，并按照煤矿废水的流向和采煤迹地主要功能区共设置了 4 个样点（图 4-1）。其中：S1 为对照样地，位于小安溪上游相对洁净河段，该样点上游未见其他煤矿废水排放口；S2 为煤矸石场渗漏水流区域，流出场区后进入小溪流（无名）继续流向洗煤厂方向；S3 位于洗煤厂外小溪流中，该处承接了洗煤场废水，下游小溪流两侧分布有稻田和池塘；S4 位于该小溪流汇入小安溪的汇入口下约 100m 处，该处水质混合已较为均匀。

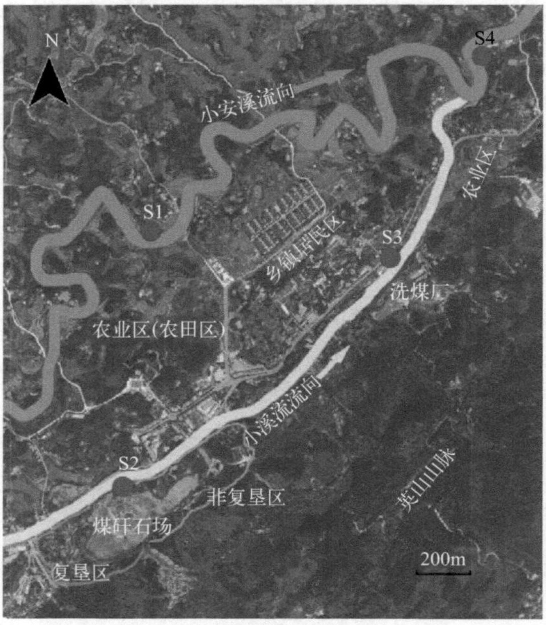

图 4-1　采样点设置示意

在每个样地设置3个相距10m以上的采样断面。在每个断面距离两侧岸边2m内的河道中，用沉积物采样器随机采集表层0～5cm的沉积物，混合后制备成1个混合样品（约5kg），各样地分别采集3个混合样品，置于无菌塑料袋中保存并编号，带回实验室后于阴凉通风口处自然风干，除去沙砾及动植物残骸等异物后分为两部分：一部分用于pH值和重金属含量的测定；另一部分用于蝌蚪染毒试验。

4.2 沉积物浸出两栖类染毒实验设计与指标分析

挑选大小、体形均一的健康蝌蚪进行急性染毒试验。染毒水箱规格为30cm×30cm×20cm（长×宽×高）的亚克力（聚甲基丙烯酸甲酯透明水箱。分别取各样地的沉积物（阴干后过20目尼龙土壤筛）1.8kg在水箱中铺装，厚度约为2cm。再注入充分曝气24h的自来水9L，水深约为10cm，用玻璃棒搅拌15min使沉积物和水充分混合均匀，静置24h。每个水箱中随机放入大小、体形较为均一的蝌蚪12只，每个样地各设置3个水箱（平行试验），经沉积物水溶液染毒96h，其间维持水温18～22℃，不投食。

相同的沉积物浸出染毒过程如下。挑选体形均一、体表无损伤的健康泥鳅90只进行急性染毒试验，每个水箱中随机放入12只泥鳅，染毒96h，维持水温18～22℃，染毒其间不投食。染毒试验用的泥鳅来自当地某水产养殖基地的同一批鱼苗，体长为（10±1）cm，在实验室使用充分曝气的自来水驯养3天后用于正式试验，驯养其间1天定量投食2次，投食15min后及时清理未食用鱼食，以防鱼食污染水体。

染毒结束后，在各水箱分别随机取出9只未死亡蝌蚪和泥鳅，每3只为1组采集混合生物样品。断尾取血离心后吸取血清立即测定微核率（micronuclei，MN）。解剖后快速取其肝脏置于冰浴PBS缓冲液中清洗。称重计算肝脏脏器系数（liver organ coefficient，LOC），肝脏质量按照1∶99的比例加入冰浴PBS缓冲液中匀浆，并置于EP管进行离心，取上清液使用南京某生物公司提供的试剂盒测定总抗氧化能力（total antioxidant capacity，T-AOC），谷胱甘肽（glutathione，GSH）和丙二醛（malonaldehyde，MDA）含量，超氧化物歧化酶（superoxide dismutase，SOD）活性，微核率。

利用上述生物标志物计算IBRv2，计算过程如下。

$$\text{IBRv2}=\sum |A|$$

$$A_i=Z_i-Z_0$$

$$Z_i=\frac{Y_i-\mu}{s}$$

$$Y_i=\ln\frac{X_i}{X_0}$$

式中，A_i 为生物标志物偏离指数；Z_i 和 Z_0 分别为测试组和对照组生物标志物的均一化值；μ 和 s 分别为各组均一化值的平均值和标准差；X_i 和 X_0 分别为测试组和对照组生物标志物的实测值，本书使用S1样地为对照组。

本着试验方法较简单、易操作、数据稳定性较高、试验成本低、推广应用性较强的原则，结合课题组前期研究工作，在不同生物学水平上筛选并构建了上述几种生物标志物的指标体系。它们在前人研究中也被广泛应用，在诸多研究中常会搭配其他指标构建出不同的生物标志物指标体系。

4.3 水体沉积物重金属污染评价

对照区采样点（S1）位于采煤迹地附近小安溪上游，研究区采样点（S2～S4）距离水稻田和池塘较近，4 个样地 pH 值范围为 6.0～6.1，因此依据《土壤环境质量农用地土壤污染风险管控标准（试行）》（GB 15618—2018）风险筛选值（水田）（5.5＜pH≤6.5）和重庆市土壤背景值对各样地重金属污染进行评价。表 4-1 显示：Zn、Cu 含量在 S3 和 S4 样地均超过了重庆市土壤背景值。与农用地土壤污染风险筛选值相比，各样地 6 种重金属含量均在风险管控范围内。Cu、Zn、Cr、Ni、Mn 含量在 S2、S3、S4 均明显高于 S1，其中 Cu、Zn、Cr、Ni 表现出相同的趋势，为 S3＞S4＞S2＞S1，而 Mn 为 S2＞S3＞S4＞S1。

由表 4-1 可见，内梅罗综合污染指数显示，S3 和 S4 样地污染程度为轻度污染，S1 和 S2 为尚清洁（警戒线）；污染负荷指数显示各样地均处于无污染状态，其大小顺序为 S3＞S4＞S2＞S1。

表 4-1　采煤迹地下游沉积物中重金属含量　　单位：mg/kg

类别	S1	S2	S3	S4	重庆市土壤背景值	筛选值(水田)
Cu	12.36±0.19d	19.38±0.07c	43.87±0.45a	36.00±0.20b	25.64	50
Zn	50.17±0.13d	62.90±0.11c	125.11±0.07a	100.52±0.06b	84.72	200
Pb	24.46±0.03a	21.47±0.02b	17.10±0.05c	16.19±0.04d	29.62	100
Cr	10.87±0.35d	15.10±0.78c	57.67±1.06a	42.20±0.76b	73.57	250
Ni	7.03±0.09d	17.55±0.21c	24.22±0.34a	19.40±0.10b	30.29	70
Mn	90.15±0.13d	168.80±015a	152.19±2.18b	143.28±0.10c	559	——
$P_{综合}$	0.74±0.00c	0.72±0.00d	1.38±0.00a	1.16±0.12b	—	—
PLI	0.27±0.00d	0.44±0.06c	0.78±0.09a	0.63±0.04b	—	—

注：表中数据以平均值±标准偏差表示。不同字母表示各样地之间相比差异显著（$P<0.05$）。$P_{综合}$为内梅罗综合污染指数；PLI 为污染负荷指数。

4.4 沉积物重金属污染对蝌蚪和泥鳅的毒性效应

暴露沉积物水溶液 96h 后，各组蝌蚪均全部存活。沉积物水溶液重金属污染对美蛙蝌蚪的生态毒性见图 4-2。

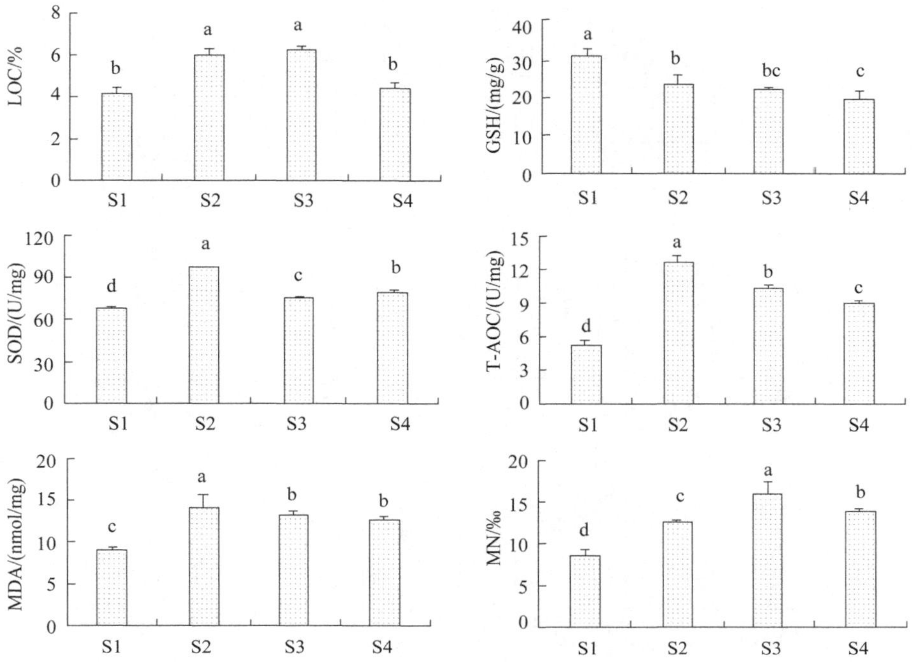

图 4-2 沉积物水溶液重金属污染对美蛙蝌蚪的生态毒性

不同字母表示各样地之间相比差异显著（$P<0.05$）；LOC 为肝脏脏器系数；GSH 为谷胱甘肽；SOD 为超氧化物歧化酶；T-AOC 为总抗氧化能力；MDA 为丙二醛；MN 为微核率，下同

脏器系数能直观地反映环境污染物对受试生物组织水平的毒性胁迫效应。与 S1 相比，S2、S3 沉积物水溶液染毒后蝌蚪肝脏系数（LOC）显著增加（$P<0.05$）。

GSH 是生物体内重要的抗氧化剂和自由基清除剂，GSH 本身也会被不断消耗。与 S1 相比，S2、S3、S4 沉积物水溶液染毒后蝌蚪体内 GSH 含量均显著降低（$P<0.05$）。

生物在受到环境胁迫时，体内会产生大量有害自由基，SOD 是清除体内有害自由基的主要抗氧化酶。与 S1 相比，S2、S3、S4 沉积物水溶液染毒后蝌蚪体内 SOD 活性显著提高（$P<0.05$）。

T-AOC 代表机体抗氧化能力的总体水平，与生物体健康状况直接相关。与 S1 相比，S2、S3、S4 沉积物水溶液染毒后蝌蚪体内 T-AOC 含量显著增加（$P<0.05$）。

MDA 含量能够较好地反映机体内脂质过氧化反应水平。与 S1 相比，S2、S3、S4 沉积物水溶液染毒后蝌蚪肝脏内 MDA 含量显著增加（$P<0.05$）。

污染物会造成生物体遗传物质损伤，染色体断裂而形成微核。与 S1 相比，S2、S3、S4 沉积物水溶液染毒后蝌蚪的血细胞微核率显著提高（$P<0.05$）。

相似地，暴露沉积物水溶液 96h 后，各组泥鳅均全部存活。沉积物水溶液重金属污染对泥鳅的生态毒性见图 4-3。

通常，生物体的脏器系数是相对恒定的，而当重金属等污染物质在生物体脏器内积累

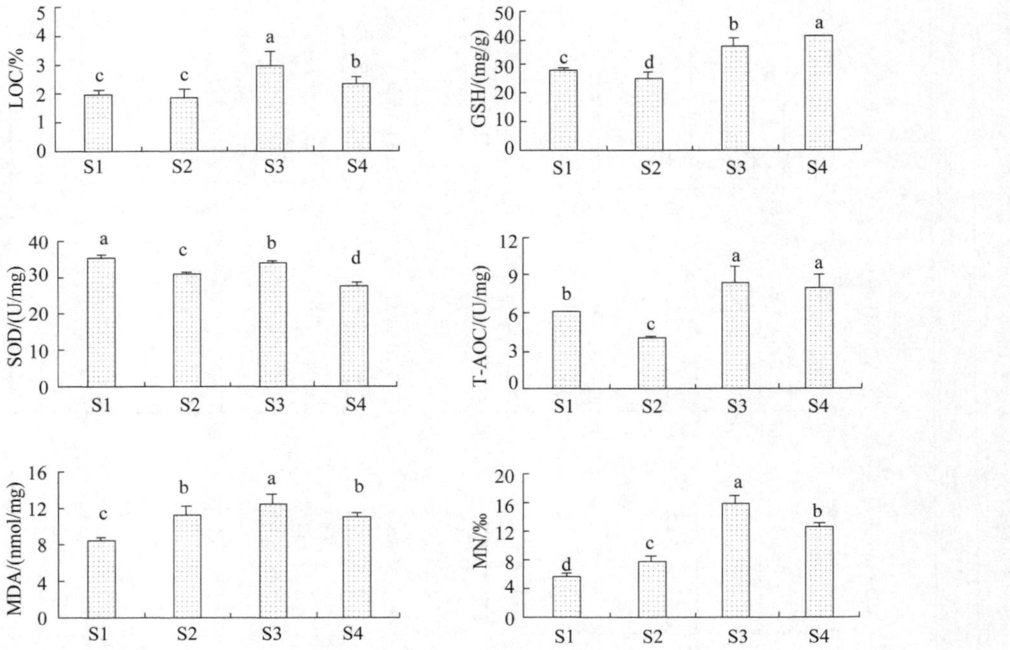

图 4-3 沉积物水溶液重金属污染对泥鳅的生态毒性

到一定程度后，就会影响到组织器官行使正常的新陈代谢功能，使脏器受损肿胀、坏死或代偿性增长，从而引起脏器系数的改变。脏器系数是一种较为直观的生物学指标，能够反映出污染物在组织器官水平对生物体的毒性效应。与 S1 相比，S2 组沉积物水溶液染毒后泥鳅脏器系数变化不显著，而 S3、S4 组的显著增加（$P<0.05$）（图 4-3）。表明沉积物重金属暴露已然对受试动物的肝脏组织造成了显著影响。结合 S3、S4 组 GSH 含量和 T-AOC 等抗总氧化能力的提高，可以判断出沉积物污染并未对泥鳅肝脏造成肿胀或坏死性损害，应属于代偿性增长，使其肝脏增生肥大。

重金属等污染物进入机体后，均会诱导生物体产生活性氧自由基，而生物体内的抗氧化系统则是清除各类自由基的主要途径，如 SOD、谷胱甘肽过氧化物酶（glutathione peroxidase，GPx）、过氧化氢酶（catalase，CAT）等均是机体内占主导地位的抗氧化酶类。其中，SOD 是清除生物体自由基的第一线抗氧化酶，其活性变化受自由基的影响变化非常灵敏。SOD 可促使机体中的活性氧自由基转变为 H_2O_2，继而被 CAT 和 GPx 还原成 H_2O。它们可与 GSH 等自由基清除剂联合作用，高效清除生物体内因污染物诱导而产生的过量自由基。

与 S1 相比，其余组泥鳅体内 SOD 活性均呈显著下降状态（$P<0.05$），在 S4 组达到最低水平；而 GSH 含量和 T-AOC 在污染较为严重的 S3 和 S4 组反而显著升高（$P<0.05$）（图 4-3）。可以看出，相对低污染的 S2 组，沉积物重金属污染程度处于低毒状态，对泥鳅肝脏 GSH 含量和 T-AOC 有一定的消耗。而在污染较为严重的 S3 和 S4 组中，沉积物重金属对泥鳅体内的抗氧化系统具有明显的激发作用，促使机体提高抗氧化能力对抗

污染胁迫。

4.5 综合生物指数对沉积物污染的响应与指示

由于对照样地的整体污染水平相对较低，因此 IBRv2 值越大，可代表生物体各项指标受环境复合污染的毒性影响越大，或抑制或促进。图 4-4 显示 S3 和 S4 样地的 IBRv2 值明显高于 S2，表明该采煤迹地主要污染来源于洗煤厂区域的废水排放，汇入小安溪后对小安溪水质造成显著影响。

表 4-2 显示了各生物学指标与污染指标之间的相关性分析，结果显示 IBRv2 与 $P_{综合}$、PLI 显著相关（$P<0.05$）；IBRv2 与 Cu、Zn、Cr 呈显著正相关，而与 Pb、Mn 呈显著负相关（$P<0.05$）。生物标志物 LOC、T-AOC、MDA、MN 这四个指标与 $P_{综合}$、PLI 以及各重金属之间的相关性一致，均为除 Pb 外呈不同程度的正相关，而 GSH 的相关性正好相反。各生物标志物、IBRv2 和各重金属元素、$P_{综合}$、PLI 之间的最高相关系数对应的指标也并不一致。从单指标来看，只有 MN 对环境因子综合污染水平（$P_{综合}$、PLI）具有较好的指示作用。

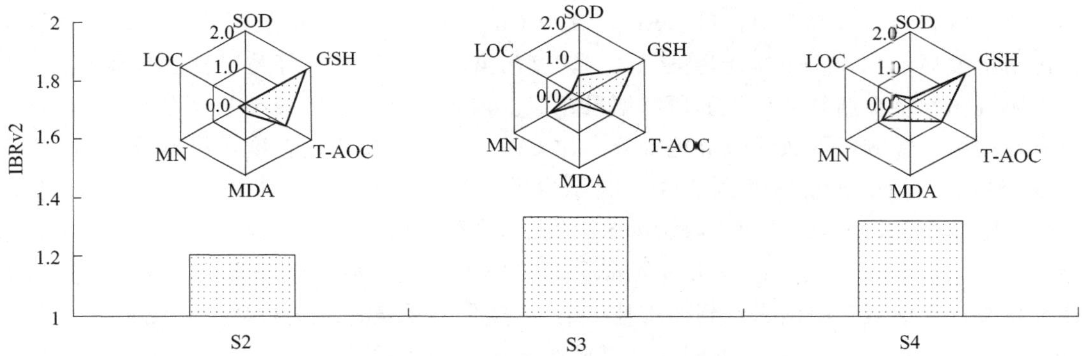

图 4-4 各样地 IBRv2 值和各生物标志物的贡献度

表 4-2 各生物标志物、IBRv2、$P_{综合}$、PLI 和重金属之间的相关性

类别	LOC	SOD	GSH	T-AOC	MDA	MN	IBRv2
SOD	0.522						
GSH	−0.393	−0.420					
T-AOC	0.828*	0.879*	−0.636				
MDA	0.748	0.797	−0.822*	0.962*			
MN	0.666	0.270	−0.894*	0.653	0.797		
IBRv2	−0.286	−0.994*	−0.791	−0.886*	−0.924*	0.853*	
Cu	0.408	−0.068	−0.831*	0.338	0.542	0.932*	0.983*

续表

类别	LOC	SOD	GSH	T-AOC	MDA	MN	IBRv2
Zn	0.447	−0.120	−0.772	0.313	0.503	0.922*	0.951*
Pb	−0.372	−0.217	0.974*	−0.510	−0.719	−0.932*	−0.969*
Cr	0.391	−0.193	−0.738	0.241	0.438	0.891*	0.961*
Ni	0.711	0.350	−0.895*	0.718	0.845*	0.996*	0.773
Mn	0.773	0.818*	−0.787	0.997**	0.998**	0.772	−0.905*
$P_{综合}$	0.278	−0.355	−0.634	0.077	0.280	0.802*	0.970*
PLI	0.536	0.031	−0.837*	0.451	0.628	0.970*	0.933*

注：皮尔森相关系数，*表示显著相关，**表示极显著相关（*$P<0.05$，**$P<0.01$）。

4.6 沉积物重金属污染程度及其生物监测讨论

本研究显示，沉积物中Cu、Zn、Ni、Cr、Mn五种重金属元素在研究区（S2、S3、S4）样地的含量显著高于对照区（S1），其中Cu、Zn超过重庆市土壤背景值，内梅罗综合污染指数显示S3和S4样地污染程度为轻度污染，这与涂春霖等关于滇东典型采煤迹地小流域沉积物重金属复合污染的研究结果相似。该研究显示，受煤炭工业等人为活动和自然来源的综合影响，导致采煤迹地部分点位Cu、Zn重金属达到轻度污染程度。Mn元素在S2和S3样地的含量显著高于S4，显示出煤矸石场和洗煤厂废水中Mn元素的含量均较高。整体而言，$P_{综合}$和PLI均显示S3处沉积物重金属复合污染程度最高，该煤矿开采导致Zn、Cu、Cr、Ni、Mn这五种元素含量在周边水域环境中显著提高。这与前人研究结果相符，有学者对我国东北到西南地区的30座典型采煤迹地进行研究，结果显示Mn、Zn、Cr、Ni等十多项指标在不同地区煤矿废水中均有不同程度的超标现象。有学者研究显示，西南地区某采煤迹地土壤重金属污染的主要元素为Cd、Cu、Ni和Zn。

研究显示在同一流域内，随时间推移，沉积物中的重金属污染状况会不断加剧，从而威胁整个水环境系统。即使少量的Cu、Zn、Ni等重金属元素污染，经过长期暴露后不仅会影响人和动物的健康问题，还会在体内积累，对机体造成不可逆的危害。正常状况下脏器系数相对稳定，在受到污染物胁迫时，因器官受损或代偿性增长而导致脏器系数发生改变，较为严重的损伤效应包括肝脏充血、水肿、增生肥大或萎缩及其他退行性改变。与S1、S4相比，S2和S3的蝌蚪肝脏系数显著提高，表明沉积物中重金属等污染物对受试动物肝脏具有明显的刺激作用。

重金属对生物的重要毒害机制包括诱导生物体内产生大量活性氧自由基，且会提高活性氧的产生速率。当抗氧化系统被破坏导致无法将活性氧自由基及时转化成为一种更小的分子时，就会出现DNA损伤、细胞凋亡和脂质过氧化现象，而MDA含量能够较好地反映机体内脂质过氧化水平。正常情况下，生物体内氧自由基的产生与清除处于动态平衡，若体内产生的自由基数量大于清除的数量，则会破坏细胞结构与功能，引起机体产生氧化应激反应，造成氧化损伤。SOD、GPx与CAT是机体维持抗氧化平衡所必需的主要抗氧化酶，其中SOD的主要功能是清除机体中的活性氧自由基，生成H_2O_2，利用CAT和GPx将其还原成H_2O，从而消除过量的超氧自由基。T-AOC能反映机体的总抗氧化水平，反映动物机体酶及非酶促体系对外来刺激机体的自由基代谢状态。如果机体T-AOC含量显著下降，则可表明机体内抗氧化酶系统被大量消耗，体内积累了较多的自由基。GSH是机体内一种非常重要的抗氧化剂，由于GSH本身易被氧化消耗而在体内能够保护许多抗氧化酶免受自由基破坏。有学者发现，GSH含量的降低是一种潜在的凋亡早期激活信号，随后产生的氧自由基会促使细胞发生凋亡。重金属等污染物质在受试动物体内积累就会导致蝌蚪遗传物质改变的概率增大，可通过MN来检测。同时，核损伤也会导致遗传物质断裂，间接增加两栖类动物致癌和致突变的可能性。

样地S2、S3、S4蝌蚪SOD活性和T-AOC含量与S1相比显著提高，可以得出采煤迹地废水渗漏的重金属污染对蝌蚪的抗氧化系统具有明显的激发作用。结合样地S2、S3、S4蝌蚪体内GSH含量与S1相比显著降低，暗示GSH含量处于不断的消耗之中。这是生物在受到污染环境胁迫时，体内产生大量有害自由基的直接作用结果。当污染较为严重时，体内的调节系统不能抵抗氧化压力，就会导致脂质过氧化反应，引起脂质氧化变性和遗传物质损伤，进而导致了样地S2、S3、S4蝌蚪肝脏内MDA含量和血细胞微核率（MN）显著提高。

为了评估沉积物中重金属复合污染对蝌蚪的综合生态毒性效应，采用IBRv2指数法，筛选生物标志物信号，来揭示所研究水环境的健康风险状态。整体而言，IBRv2的变化趋势与$P_{综合}$、PLI基本一致，且IBRv2与$P_{综合}$、PLI之间均呈显著相关关系，可以看出IBRv2能较好地体现各样地重金属污染对生物的毒性效应，并能准确地反映出不同污染样地底泥污染程度与变化趋势。这与前人研究用IBRv2指数反映在不同污染样地测量的生物标志物的变化结果一致。同时，与PLI相比，$P_{综合}$与IBRv2的相关性更高，$P_{综合}$在一定程度上凸显了污染程度最高的环境因子毒性作用，这提示我们要更加关注污染区域的少数典型污染因子对生物体的毒性作用。

综上所述，该采煤迹地废水渗漏导致Cu、Zn、Cr、Ni、Mn五种元素的含量在周边水域环境中显著提高。其中以洗煤厂区域（S3）沉积物中的重金属污染程度最高。煤矿废水渗漏增加了下游沉积物重金属污染对受试蝌蚪的生态毒性。以脏器系数、GSH、SOD、T-AOC、MDA、MN为指标体系构建的IBRv2法能够很好地反映出采煤迹地周边水系中沉积物重金属污染程度及其对两栖类的生态毒性效应，并能明确地指出该采煤迹地主要污染来源于洗煤厂区域的废水排放，已对其上一级河流小安溪的水质造成了显著影响。由此可见，IBRv2反映出的毒性影响与该采煤迹地污染之间具有直接的因果关系。结合生物监测评价指标/指数和污染因子指标/指数之间的相关性分析可见，导致综合生物效应变化是各化学污染因子的联合作用所致。从IBRv2的角度来看，Cu、Zn、Cr的影响更为显著，可以认为它们是导致综合生物效应的主要化学污染因子。

值得注意的是，随着工业快速发展，新型污染物不断涌现，地表水体污染物种类也日益增多，仅《地表水环境质量标准》(GB 3838—2002）中的检测项已多达109项。且各类污染物之间存在增强、拮抗等联合作用关系，对生物的综合毒害作用也交错复杂，导致生物标志物与野外复合污染因子两者之间的相关关系难以厘清。

本书所测量的污染因子也可能并不是影响受试生物生存质量的关键因子，或者生物监测评价指标/指数对已测定的污染因子的响应敏感度不同。因此，本书中各生物标志物、IBRv2 和各重金属元素、$P_{综合}$、PLI 之间的相关性表现出了诸多不一致的现象也是合理的。同时，染毒时间对各生物标志物的影响也是不同的，如本书中 MN 对环境因子综合污染水平（$P_{综合}$、PLI）具有较好的指示作用，这不排除 MN 在短时间内没有被机体代谢掉而导致其在细胞中积累，从而在急性毒性试验中表现突出。

综上，我们设想基于广泛的文献调研和前期工作基础，能够尽可能地聚焦目标区域的代表性环境因子，力求探寻出相对敏感性较高、稳定性较好、分析方法较简单的生物标志物，从而能够更加便捷准确地反映出目标区域的环境污染问题，分析出导致生物效应的主要化学污染因子，明确其与综合生物效应之间直接或间接的因果关系，以期为采煤迹地水环境污染的生物监测技术开发与生物标志物优选提供数据支持。

4.7 未来的研究方向

近年来，我国重大的环境污染事件呈高发态势，造成区域生态系统的严重破坏，由此带来了极大的经济损失与社会危害。采煤迹地作为重大环境灾害的潜在污染源，对其实施高效的环境监管是抵御潜在的重大污染事件的关键所在。在此巨大需求的驱动下，开展对采煤迹地土壤污染的生态安全评估技术研究工作，具有较好的经济与社会效益。

从技术应用层面分析：着眼于重庆丰富的煤炭矿产资源开发后采矿迹地环境风险的快速鉴别、水土污染监测与人体健康风险评估，具有较好的应用前景。

从技术的国家和地方需求分析：我国采矿迹地的污染问题长期存在，由采矿迹地污染场地污染物渗漏导致的环境灾害破坏力极大，而对于其防控与风险管理方面的技术力量相对较为薄弱，同时重庆地区采煤迹地数量很多，因此，此类监测与评价工作的地方需求与市场潜力较大。

从科学研究的创新方面分析：采用生物指标对采煤迹地周边水土污染状况进行监测；建立采煤迹地周边水土污染的生态风险评价的生物监测指标体系；利用生物监测指标体系，构建采煤迹地周边水土污染的生态风险评价模型；该技术体系可直接为采煤迹地水土污染的分级管控、修复方案优化及长期环境质量跟踪提供标准化技术支撑。

西方发达国家先后建立与发展了矿区环境污染的监测方法、风险评估与防控修复技术；国内在该领域的研究工作起步相对较晚，更多地关注矿区污染物质的理化指标监测，而对于其生态风险评估以及直接反映其生态影响的生物监测技术的认知尚有待提高。矿区土壤污染鉴别及监测是对其进行环境风险评估及修复的基础，国内外目前大多采用土壤样品化学检测手段，通过对众多关注污染物（一般有上百种）进行化学分析，检测其在样品中的含量，将其与相应标准进行比对，判断其污染程度及环境风险。这样的监测方法耗时长、费用高，以及无法直接表达污染物的生物毒性效应。基于国内外已有的工作经验，构建适用于我国煤矿系统的生物监测指标体系，有望为现有分析技术手段提供新思路。

根据研究确立的采煤迹地环境监测与生态保护目标，从保护采煤迹地土壤环境质量、保护土壤污染扰动区农业安全生产两个方面，筛选污染物对土壤和农作物的生态毒性阈值。利用生态风险评估模型和空间插值计算，测算污染物在土壤和水体中的自然迁移及人为扰动情景下的生态风险空间分布，并根据生态风险高低与分布，结合当地管理现状，划定采煤迹地土壤和水生态风险防控区。

（1）确定采煤迹地土壤污染物的生态阈值。采煤迹地土壤污染生态阈值拟考虑土壤自然迁移和土壤扰动两种情景，将水生、陆生两类生态系统物种作为保护对象，确定可接受生态风险水平，利用已构建的生态风险评估模型进行阈值反算，计算可接受生态风险所对应的土壤污染物生态阈值。此外，可根据管理需要利用上述方法，确定其他生态阈值，如依据植物毒理效应数据可获得基于保护采煤迹地植被的污染物含量限值，依据土壤动物生态毒性效应数据可获得基于保护采煤迹地土壤动物的污染物含量限值。

（2）生态风险防控区划分。在获得采煤迹地污染物含量限值的基础上，利用地理信息系统（GIS）等空间数据分析工具，分别对采煤迹地土壤中核心污染物的浓度，以及在迁移、扰动情景下土壤生态风险的量化数据开展空间插值。在污染物浓度插值的基础上，可通过土壤污染物生态阈值，将超阈值区域进行叠加合并，初步划分基于污染物阈值的生态风险防控区。在生态风险量化值插值的基础上，可结合生态风险的量化控制目标，初步划分基于生态风险量化值的生态风险防控区。最后，结合当地生态环境现状、生态保护需要和行政管理等情况，进一步调整区划结果和区划层次设计，并提出具有针对性的防治措施。

在采煤迹地开采情景下，依据污染物浓度范围及生态风险程度，拟划分土壤生态风险监控区和治理区。在采煤迹地闭矿情景下，依据模型预测土壤开发利用后可能对农业生态系统造成的不利影响，拟划分土壤开发利用风险区。

第5章

污染场地植被恢复的根际效应及其对土壤肥力和酶活性的影响

煤炭是我国重要的基础能源，煤炭的开采和利用推动了社会生产及经济发展，但以往粗放的开采方式，造成了严重的环境污染和生态破坏。重庆市已有上百年的煤矿开采历史，是我国最早开采煤矿的地区之一。

煤矿开采过程中会造成不同程度的地表沉陷，从而对土壤结构及功能造成不可逆转的负面影响。因此，对煤矿开采后的矿山废弃地进行生态修复，改善土壤状况和提升土壤质量迫在眉睫。矿山废弃地生态修复常见的技术包括物理改良法、化学改良法、生物改良法等。其中生物改良法因投资小、降解或富集污染物质的能力强、不易造成二次污染等优点受到学者的广泛关注。通过土壤复垦原位处理污染土壤的植物修复技术具有较好的修复效果。尽管快速生长的外来或本地木本植物是矿区复垦的重要选择，但目前发现草本植物，如禾本科、豆科、蚕豆科和菊科植物在退化土地的复垦改良、土壤肥力提升、污染修复中起着至关重要的作用，且草本植物因分解速度快、元素周转快，可作为有机碳的直接来源，促进受扰土壤中有机碳的积累。根际是植物、土壤、微生物之间密切联系并相互作用的活跃区域。植物通过根系分泌物、凋零物等对土壤特征、理化性质，酶的活性，微生物数量、种类、活性等产生综合影响，因此，与非根际环境相比，其物理化学性质、生物活性有很大的不同，这种效应被称为根际效应（rhizosphere effect，RE）。

土壤养分是土壤的基本物质属性，表征土壤养分状况的参数（如有机质含量、氮磷钾浓度等）是衡量土壤质量的重要指标，其丰缺状况直接影响作物生长，并进一步关联着农业生产力的提升与区域经济发展。土壤酶是土壤环境的重要组成部分，在元素循环与营养物质的转化过程中起着重要的催化作用。土壤酶活性可以作为灵敏的生物监测指标，准确反映土壤肥力和活力状况。对于矿区复垦后的土壤肥力评价主要依据土壤养分分级表。常用的指标有总磷、总氮、有机质等。土壤酶活性的评价指标有过氧化氢酶（CAT）、蔗糖酶、脲酶、磷酸酶等。其中，过氧化氢酶能够催化分解土壤中的 H_2O_2，与微生物和土壤腐殖质的含量均有关联；蔗糖酶能够酶促蔗糖的水解，与土壤中生物的呼吸强度有关；脲酶可促使肽键的水解，为农作物提供氮素；磷酸酶能够转化有机磷，增强作物对磷的吸收。有学者研究了土地利用方式对黑龙江西部地区土壤理化性质和酶活性的影响发现，土壤养分与酶活性呈显著相关；通过研究元谋干热河谷沟蚀地区植被恢复对土壤养分和酶活性的影响发现，植被恢复前后引起土壤酶活变化的主导因子是土壤养分的变化；学者通过对乌海矿区排矸场土壤酶活性及其与土壤养分的关系研究表明，总氮、速效钾是影响土壤蔗糖酶活性和土壤纤维素酶活性的主要因子。

综上，目前的研究大多是关于不同土地利用方式、不同施肥模式、不同植被复垦等条件下土壤养分或酶活性的变化，关于废弃煤矿植物复垦后土壤养分与土壤酶活之间的关系及根际效应的研究较少，且对于重庆地区废弃煤矿土地复垦中土壤养分和酶活性的根际效应相关研究尚少有报道。

本章聚焦植被恢复对污染土壤的改良作用。以煤矿复垦区接骨草为试验植物，以煤矿非复垦区的煤矸石土（bulk soil，BS）、植被覆盖区（包括复垦区、原始植被区）的根际土（rhizosphere soil，RS）和非根际土（non-rhizosphere soil，NRS）为研究对象，通过测定土壤基本理化性质、养分和土壤酶活性，采用方差分析、相关性分析和通径分析方法，探究植物复垦实施后根际效应对土壤养分和酶活性的影响及两者之间的关系，重点解析根际效应在土壤降盐增肥、酶活性提升中的作用机制，阐明植被恢复如何通过根际微环境调控缓解重金属对土壤功能的抑制，为矿区生态修复提供土壤改良的理论支撑。

5.1 样品的采集与指标测定方法

5.1.1 样品的采集与预处理方法

课题组于2023年1月在该废弃煤矿区的复垦区、原始植被区采集接骨草（*Sambucus chinensis* Lind.）的根际土样和非根际土样，在非复垦区采集煤矸石场土样。接骨草为忍冬科接骨木属的高大草本或者亚灌木，繁殖力强，根系发达，具有很强的固土保水能力和较强的抗环境污染能力，在工矿区长势良好。采样时用一把带叉的铁锹将植物连根拔起，小心抖掉根部松散携带的土壤后，收集从根系上刷下来的黏着土壤作为每棵植物的根际土（RS）。对于煤矸石土（BS）和非根际土（NRS），分别采集0～10cm（去除表面凋落层后）土层，每个样地各选择3个平行样点，每个平行样均由5个随机样品混合而成，共采集土样15份，暂存冷藏样本箱，尽快带回实验室进行预制。

采回的土样除去动植物残渣、石子、碎屑等杂物后，首先对新鲜土进行土壤含水量的测定。一部分土样自然风干后过10目土壤筛，并装入自封袋内进行土壤基本理化性质和养分含量的测定。另一部分新鲜湿土装在自封袋内，密封保存于4℃的冰箱中，用于土壤酶活性的测定。

5.1.2 土壤基本理化性质、养分含量和土壤酶活性测定方法

土壤基本理化性质主要包括pH值、含水率（WC）和盐度（EC）；土壤养分指标包

括有机质、总氮、总磷、碱解氮和速效磷；土壤酶活性指标包括土壤过氧化氢酶、蔗糖酶、脲酶和磷酸酶。

土壤基本性质和养分指标测定方法参考已发表论文。按照25mL：10g水土比浸拌后，pH值用复合电极法测定，含水率采用105℃烘干恒重法测定，EC值采用电导法测定；有机质采用重铬酸钾外加热法测定，总氮采用凯氏定氮法测定，总磷采用钼锑抗比色法测定，碱解氮采用碱扩散吸收法测定，速效磷采用碳酸氢钠提取-钼锑抗比色法（Olsen法）测定。

土壤酶活性指标的测定方法参照关松荫等（1986年）的报道。土壤过氧化氢酶活性采用高锰酸钾滴定法测定，以4℃培养1h后每克土壤内消耗的0.1mol/L $KMnO_4$ 的体积（以mL计）表示；蔗糖酶活性采用3,5-二硝基水杨酸比色法测定，以37℃培养24h后1g土壤生成葡萄糖的质量（mg）表示；脲酶活性采用苯酚钠-次氯酸钠比色法测定，以37℃培养24h后1g土壤中 NH_3-N的质量（mg）表示；磷酸酶活性采用磷酸苯二钠比色法测定，以37℃培养24h后1g土壤中释放出酚的质量（mg）表示。

5.1.3 根际效应分析方法

根际效应（rhizosphere effect，RE）采用根际土（RS）与非根际土（NRS）差值与非根际土的比值表示，公式如下。

$$RE=\frac{RS-NRS}{NRS}$$

若RE>0则为根际正效应，若RE<0则为根际负效应。

5.2 土壤三类指标水平及其相互关系分析

由表5-1可以看出，复垦区土壤的WC显著高于非复垦区的含水率（$P<0.05$，下同），与原始植被区土壤含水率差异不显著（$P>0.05$，下同）；而复垦区土壤的EC显著低于非复垦区，与原始植被区的EC差异不显著；在复垦区与原始植被区，根际土与非根际土的含水率之间均无显著差异，但根际土的盐度均显著高于非根际土。此外，非复垦区土壤pH值呈弱碱性，复垦区和原始植被区的根际土壤pH值均呈中性；两者的非根际土壤pH值均呈弱酸性。可见，植物的生长，提高了土壤含水率，降低了含盐量，同时使得根际微区域的土壤pH值趋向中性。

除了有机质，复垦区土壤总磷、总氮、碱解氮、速效磷含量均显著高于非复垦区，而低于原始植被区；在复垦区与原始植被区，根际土中的各营养元素含量均显著高于非根际土中。根据《全国第二次土壤普查技术推荐的土壤养分分级表》的分级标准（表5-2），从非复垦区到复垦区，土壤总磷、总氮、碱解氮的含量由6级提升到4级或5级，属于缺乏或中等状态；速效磷的含量由6级提升到3级或4级，属于中等状态（表5-2）。这表明通过植被复垦3年，土壤肥力虽有所提升，但还未达到原始植被区土壤肥力水平（1～3级）。

表 5-1　不同区域土壤基本性质和养分含量（N=3）

不同样地的土壤	非复垦区	复垦区		原始植被区	
	BS	NRS	RS	NRS	RS
pH 值	7.75±0.08a	5.28±0.28d	7.17±0.10b	6.20±0.04c	7.18±0.04b
WC/%	10.63±0.73b	22.11±1.55a	24.16±0.93a	23.07±1.41a	25.20±1.05a
EC(μS/cm)	133.97±4.38a	51.20±4.86c	102.53±13.77b	53.20±9.96c	93.07±2.21b
有机质/(g/kg)	84.22±9.08a	24.70±4.30d	42.79±3.89c	33.65±6.43cd	55.43±6.58b
总氮/(g/kg)	0.43±0.02c	0.55±0.05c	0.69±0.02b	0.70±0.07b	0.81±0.04a
总磷/(g/kg)	0.20±0.01e	0.48±0.03d	0.78±0.06c	1.04±0.09b	1.22±0.11a
碱解氮/(mg/kg)	33.25±3.03d	71.76±4.64bc	78.76±3.02b	65.93±2.67c	93.91±5.34a
速效磷/(mg/kg)	0.67±0.33e	9.18±2.61d	17.51±0.69c	23.70±2.28b	41.01±2.59a

注：BS 为煤矸石土；NRS 为非根际土；RS 为根际土；WC 为含水率；EC 为盐度，用电导率表示。每行的不同字母表示各样本之间同一指标含量差异显著（$P<0.05$）。

表 5-2　土壤养分含量分级

级别	有机质/(g/kg)	总氮/(g/kg)	总磷/(g/kg)	碱解氮/(mg/kg)	速效磷/(mg/kg)
1(极丰)	>40	>2.0	>2.0	>150	>40
2(丰富)	30～40	1.5～2.0	1.5～2.0	120～150	20～39
3(中上)	20～30	1.0～1.5	1.0～1.5	90～119	10～19
4(中下)	10～20	0.75～1.0	0.7～1.0	60～89	5～9
5(缺乏)	6～10	0.5～0.75	0.4～0.7	30～59	3～4
6(极缺)	<6	<0.5	<0.4	<30	<3

5.2.1　土壤酶活性分析

由图 5-1 可知，与非复垦区相比，复垦区非根际土和根际土的过氧化氢酶活性均增加了 0.69 倍；蔗糖酶活性分别增加了 19.1 倍和 27.3 倍；脲酶活性分别增加了 11 倍和 15 倍；磷酸酶活性分别增加了 40 倍和 21 倍。与原始植被区根际土相比，复垦区根际土的过氧化氢酶活性没有显著变化，蔗糖酶活性超过其 20%，脲酶活性已经达到了其 64%，磷酸酶活性仅达到了其 18%。此外，复垦区和原始植被区的根际土的蔗糖酶及脲酶活性均显著高于非根际土，而两者根际土的磷酸酶均显著低于非根际土。可见，与非复垦区相比，复垦后土壤过氧化氢酶、蔗糖酶、脲酶、磷酸酶活性得到增强，但与原始植被区的土壤酶活性还有一定差距。

5.2.2　根际效应分析

进一步分析，由图 5-2 可知，土壤基本性质和全部养分指标在植被覆盖区（复垦区和原始植被区）的根际效应为正效应（RE>0）。尤其是 pH 值、总氮在复垦区的正根际效应明显高于原始植被区，而碱解氮在原始植被区的正根际效应明显低于复垦区。土壤过氧化氢酶、蔗糖酶、脲酶的根际效应为正效应（RE>0）；而磷酸酶的根际效应为负效应（RE<0），其在复垦区的负根际效应明显高于原始植被区。

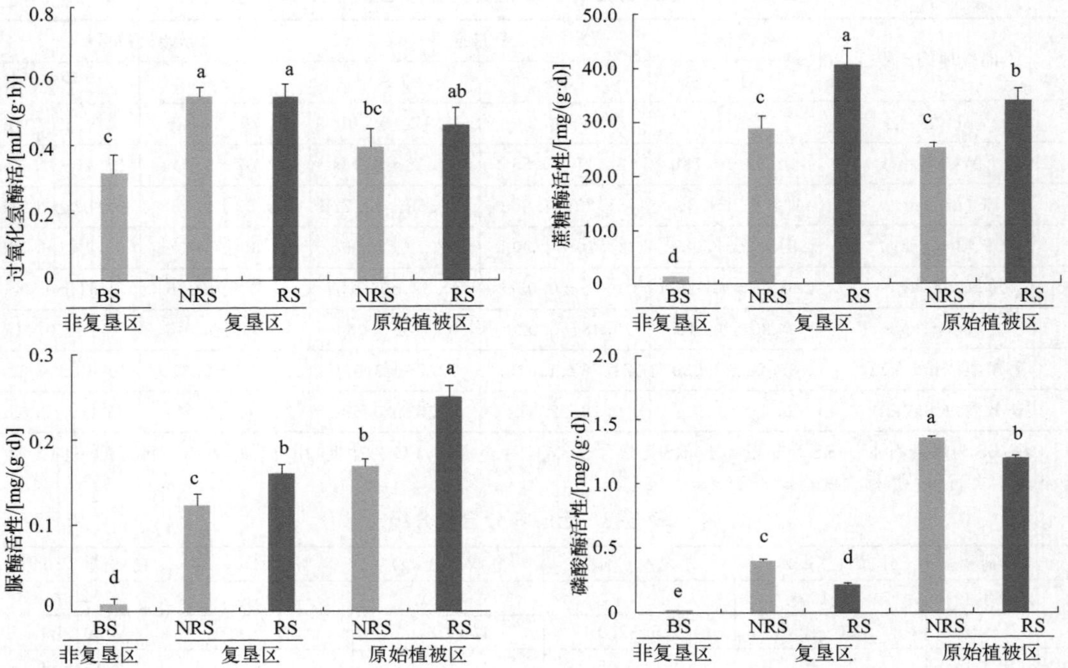

图 5-1 不同样地土壤酶活性

BS 为煤矸石土；NRS 为非根际土；RS 为根际土。不同字母表示各样本之间差异显著（$P<0.05$）

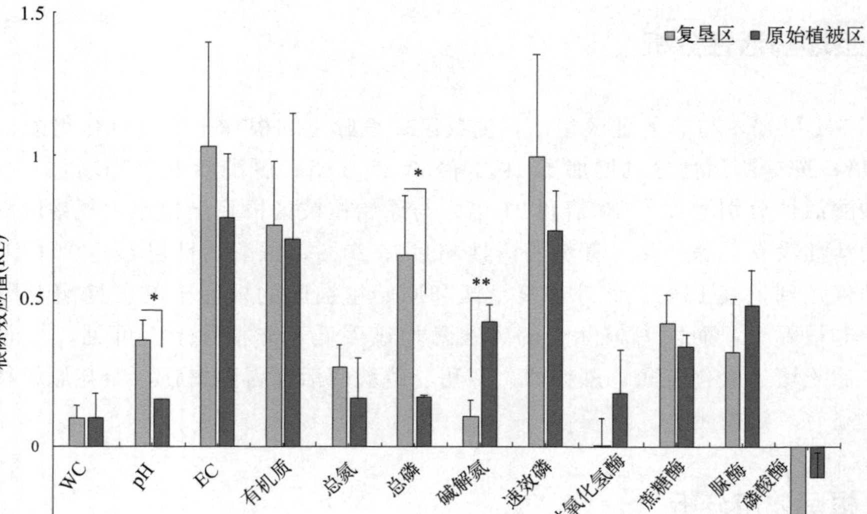

图 5-2 植被覆盖区土壤养分和酶活性的根际效应

WC 为含水率；EC 为盐度。*表示复垦区与原始植被区之间差异显著，**表示复垦区与原始植被区之间差异极显著

5.2.3 土壤酶活性和土壤养分的关系分析

在所有土壤养分指标中，土壤过氧化氢酶与碱解氮的相关性最高，其次为有机质，相关系数分别为 0.634、−0.615；土壤蔗糖酶与总磷、总氮、有机质、碱解氮、速效磷五个养分指标均显著正相关，其中相关性最高的是碱解氮，相关系数为 0.931；土壤脲酶和磷酸酶，除了有机质外，与其他四个养分均显著正相关，其中与土壤脲酶和磷酸酶相关性最高的分别是速效磷、总磷，相关系数分别为 0.934、0.860（表 5-3）。进一步进行通径分析，可以看出影响土壤过氧化氢酶、脲酶、磷酸酶活性直接系数最大的均为速效磷；而影响土壤蔗糖酶活性直接系数最大的为碱解氮（表 5-3）。土壤养分对土壤酶活性的决定系数见表 5-4，碱解氮和速效磷对土壤过氧化氢酶、蔗糖酶、脲酶活性的共同决定程度最大，而总磷和速效磷对土壤磷酸酶活性的共同决定程度最大。

表 5-3 土壤酶活性与土壤养分的相关系数和通径系数

因变量	自变量	皮尔逊相关系数	通径系数					间接通径系数之和
			$x_1\to y$	$x_2\to y$	$x_3\to y$	$x_4\to y$	$x_5\to y$	
过氧化氢酶	x_1	0.238	0.212	0.526	−0.030	1.061	−1.531	0.025
	x_2	0.423	0.196	0.569	−0.393	1.166	−1.465	−1.465
	x_3	−0.615*	−0.072	−0.277	0.088	−0.737	0.383	−0.703
	x_4	0.634*	0.165	0.486	−0.048	1.365	−1.334	−0.731
	x_5	0.175	0.199	0.511	−0.021	1.117	−1.631	1.806
蔗糖酶	x_1	0.652*	0.183	0.468	−0.002	0.816	−0.811	0.470
	x_2	0.791*	0.169	0.506	−0.003	0.897	−0.776	0.287
	x_3	−0.666**	−0.062	−0.246	0.007	−0.567	0.203	−0.672
	x_4	0.913**	0.142	0.432	−0.004	1.050	−0.707	−0.136
	x_5	0.619*	0.172	0.454	−0.002	0.859	−0.864	1.483
脲酶	x_1	0.920**	0.236	−0.054	0.046	0.284	0.408	0.684
	x_2	0.927**	0.218	−0.058	0.065	0.313	0.390	0.986
	x_3	−0.485	−0.080	0.028	−0.134	−0.198	−0.102	−0.352
	x_4	0.927**	0.183	−0.050	0.072	0.366	0.355	0.561
	x_5	0.934**	0.148	−0.052	0.031	0.299	0.434	0.500
磷酸酶	x_1	0.860**	0.720	0.657	0.209	−0.633	1.220	1.453
	x_2	0.726**	0.666	0.710	0.298	−0.696	1.167	1.435
	x_3	−0.379	−0.246	−0.345	−0.614	0.440	−0.305	−0.456
	x_4	0.533*	0.559	0.606	0.332	−0.815	1.063	2.560
	x_5	0.815**	0.676	0.638	0.144	−0.667	1.299	0.791

注：x_1～x_5 分别表示总磷、总氮、有机质、碱解氮、速效磷。y 表示过氧化氢酶、蔗糖酶、脲酶、磷酸酶。*表示在 0.05 水平上显著相关，**表示在 0.01 水平上显著相关。画横线的数据为直接通径系数，其他为间接通径系数。

表 5-4 土壤养分对土壤酶活性的决定系数

次序	过氧化氢酶		蔗糖酶		脲酶		磷酸酶	
	$D_{x_m x_n}$	决定系数	$D_{x_m x_n}$	决定系数	$D_{x_m x_n}$	决定系数	$D_{x_m x_n}$	决定系数
1	Dx_4x_5	−3.642	Dx_4x_5	−1.484	Dx_4x_5	0.260	Dx_1x_5	1.756
2	Dx_5	2.660	Dx_4	1.103	Dx_5	0.258	Dx_4x_5	−1.732
3	Dx_4	1.863	Dx_2x_4	0.907	Dx_1x_5	0.192	Dx_5	1.687
4	Dx_2x_5	−1.667	Dx_2x_5	−0.785	Dx_1x_4	0.134	Dx_2x_5	1.656
5	Dx_2x_4	1.327	Dx_5	0.746	Dx_4	0.134	Dx_2x_4	−0.988
6	Dx_1x_5	−0.649	Dx_1x_4	0.299	Dx_1	0.056	Dx_1x_2	0.946
7	Dx_1x_4	0.450	Dx_1x_5	−0.297	Dx_3x_4	0.053	Dx_1x_4	−0.912
8	Dx_2	0.324	Dx_2	0.256	Dx_2x_5	−0.045	Dx_4	0.664
9	Dx_1x_2	0.223	Dx_1x_2	0.171	Dx_2x_4	−0.036	Dx_3x_4	−0.540
10	Dx_3x_4	−0.130	Dx_1	0.033	Dx_3x_5	0.027	Dx_1	0.518

注：$D_{x_m x_n}$ 为相关系数（r_{mn}）与自变量 x_m 和 x_n 对因变量 y 的直接通径系数之积的 2 倍。本表列举了前十位对土壤酶活有影响的决定系数。

5.2.4 根际效应对土壤养分和土壤酶活性的影响

土壤复垦旨在通过一系列复垦方法恢复土壤的营养特性，将矿区土壤恢复到其原始水平。复垦后的土壤养分中除土壤有机质外，其他养分含量在复垦区都显著高于非复垦区，但低于原始植被区。经复垦后，四种酶活性均显著增强，但脲酶与磷酸酶活性仍显著低于原始植被区。因此可以看出，煤矿复垦后土壤养分及酶活均有所增加，这与学者在元谋干热河谷沟蚀地带发现植被恢复区的土壤碳、氮含量和土壤酸性磷酸酶、β-D-葡糖苷酶、脲酶活性显著高于未恢复区；在山西阳泉矿区煤矸石山复垦地经过人工植被恢复的根际土壤物理性质与酶活性要优于未种植裸地等研究结果一致。

复垦后土壤养分和土壤酶活性与原始植被区相比还有一定差距，这是由于复垦区复垦时间较短（3 年），想要进一步提升土壤质量需持续复垦。相关研究表明，植物生长过程中通过其根系从土壤吸收水分、养分和能量，同时通过凋零物和根系分泌物等改良土壤养分及土壤质量，并促进土壤酶活性及对土壤养分循环的驱动作用。这一方面解释了复垦后大部分土壤养分和土壤酶活性均显著提高，另一方面说明对煤矿区土壤进行植物复垦有利于土壤养分的提高和土壤质量的恢复。而土壤有机含量复垦后低于复垦前，其一非复垦区采集的土样是煤矸石土，煤矸石有机碳含量为 20%～30%，远高于我国农田土壤有机碳含量（8%～10%），所以未复垦区本身就具有较高土壤有机碳含量；其二复垦区及原始植被区植物残体、枯枝败叶、植物根系等被及时清理造成有机质的流失。因此，在复垦过程中也要注意土壤有机质的固定。

我们关注的土壤基本理化性质、养分和土壤过氧化氢酶、蔗糖酶、脲酶活性指标，在植被覆盖区（复垦区和原始植被区）都表现出根际正效应，即根际富集，主要是由于植物通过根系分泌物、凋零物等对土壤特征、土壤养分、土壤酶活性等产生影响，所以植物根际活性一般大于非根际活性，表现出了明显的根际正效应。唯有土壤磷酸酶表现为根际负效应，即根际亏缺，这与前人的研究结果不一致，如江西陈山红心杉根际土壤磷酸酶活性大于非根际。

土壤磷酸酶作为与磷相关的水解酶，其活性高低直接影响土壤有机磷分解及其生物有效性，受到碳、磷、氮养分及 pH 值的影响。虽然在植物-微生物-土壤系统中，微生物会促进磷酸酶的分泌将有机磷无机化，实现土壤磷的活化，为植物生长提供了速效磷，植物通过选择吸收利用不同生物活性的磷，与微生物互利共生，又有竞争，但是也有研究表明，碳输入对土壤磷具有活化作用，使得根际区域有效磷含量较高，改变了微区域 C 和 P 的比例，抑制根际区域微生物对磷酸酶的分泌。此外，根据最适 pH 值范围，分为碱性磷酸酶（pH 值为 8～10）、中性磷酸酶（pH 值为 6～7）和酸性磷酸酶（pH 值为 4～5），选择相应的 pH 值缓冲液才能测出土壤磷酸酶的最大活性。

由于复垦区与原始植被区的根际土 pH 值均接近中性，非根际土 pH 值为弱酸性（表 5-1），本书统一采用柠檬酸盐缓冲液（pH 值为 7）作为测定磷酸酶活性时的 pH 值缓冲体系，可能会导致非根际土磷酸酶活性比实际偏高的风险，这些可能是造成磷酸酶表现出根际负效应的原因。

5.2.5 土壤酶活性和土壤养分的关系

四种酶活性与不同养分间均存在较强的相关性。类似地，有学者发现土壤脲酶活性与碱解氮含量极显著正相关；磷酸酶与土壤总磷、速效磷含量呈极显著正相关，这与本书研究结果一致，这表明土壤养分与土壤酶活性之间密切相关。而土壤酶活性与土壤养分之间的关系十分复杂，相关分析不能全面诠释各因子之间的相互关系，通径分析可将养分因子的相关系数分为直接和间接影响，进而可定量分析不同土壤养分对不同土壤酶活性影响决定程度。将相关分析和通径分析相结合分析土壤养分对酶活性影响已经广泛应用。

四种酶活性的主要养分因子中均有碱解氮、速效磷、总磷。根据土壤养分分级标准，三个样地的土壤有机质平均含量处于高等水平及以上，说明研究区域有机质含量丰富，有机质不是影响土壤酶活性的限制因子。

前人研究显示：有机质与土壤速效养分的相关关系表明，有机质含量与碱解氮和速效钾含量之间存在极显著的正相关关系；土壤速效氮含量随有机质含量增加而增加，所以一方面丰富的有机质含量有利于土壤酶活性的增加；另一方面它促进了速效养分的积累，即使得植物可以直接利用的养分增加，从而有利于植物生长，促进根际分泌物的增加，进而对各种酶活性增加产生积极影响。乌海矿区排矸场土壤酶活性及其与土壤养分的关系研究发现，影响排矸场土壤蔗糖酶的主要养分因子为总氮、速效钾和总钾而影响纤维素酶活性的主要养分因子是总氮、速效钾和有机质，本研究与其结果存在差异，这与排矸场没有植被覆盖有关。

煤矿复垦初期土壤背景相差不大，土地利用方式、植被类型及人为干扰程度不同导致了土壤的异质性，影响植物根际分泌物、根际微生物活性从而造成土壤酶活性的差异性。石漠化治理区不同优势树种的根际养分与酶活性关系研究发现，全量养分总氮、总钾对土壤过氧化氢酶、脲酶、蔗糖酶的活性影响更大，而本书中草本植物复垦主要是速效养分碱解氮、速效磷对酶活性影响更大，这可能与木本植物和草本植物的根系分泌物对根际微生物群落选择和对土壤养分的周转速率不同有关。

整体而言，复垦后，pH 值由弱碱性逐渐趋向中性；EC 显著低于非复垦区；除土壤有机质外，WC 和其他养分含量复垦区都显著高于非复垦区，但显著低于原始植被区；四种酶活性均显著增强。除了磷酸酶活性的根际效应为负效应外，pH 值、WC、EC、所有养分及其他三类土壤酶活均为根际正效应，且复垦区的 pH 值、总磷、碱解氮和磷酸酶活性的根际效应显著高于原始植被区。相关分析和通径分析发现，四种酶活性与不同养分间均存在较强的相关性；但碱解氮和速效磷是影响土壤过氧化氢酶、蔗糖酶、脲酶活性的决定性因子，而总磷和速效磷是影响土壤磷酸酶活性的决定性因子。

上述研究结果表明，复垦植物根际效应对废弃矿区土壤有明显的降盐增肥和提高酶活性的作用，但若要使土壤质量恢复到其原始水平甚至更高，仍需持续复垦。研究结果可为废弃煤矿区土壤复垦工作提供基础数据，对此类区域生态恢复有一定的参考价值。

第6章

重金属耐性植物的筛选

我国矿产资源丰富，煤矿的开采为我们带来经济效应的同时也带来了生态环境问题，土壤重金属污染就是严重的生态环境问题之一。国内外学者对土壤重金属污染修复方法进行了广泛研究，各种修复方法应运而生，主要包括物理修复法、化学修复法、生物修复法。生物修复法中的植物修复技术作为一种具备科学性和创新性的土壤重金属污染的治理方式，近年来得到了社会各个领域的广泛关注。植物修复的关键在于寻找和发现合适的重金属超积累植物，着重研究其对重金属的吸收、积累特性，以提高其对重金属的富集能力。因此，本书通过筛选能修复煤矿复垦区土壤重金属污染的植物入手，对不同区域类型的煤矿复垦区的土壤重金属含量及土壤的污染程度进行分析，研究复垦区中常见植物的富集和转运能力，筛选出更多修复植物，对于区域环境治理与生态修复具有重要的理论和实践意义。

研究发现与非复垦区土壤相比，复垦区重金属含量明显高于非复垦区，且在垂直方向上重金属含量没有明显规律，植物根际土壤中重金属含量也不尽相同；土壤具有空间异质性，不同土壤重金属的有效态含量空间变化特征也不同；不同草本植物对重金属元素的转移系数差别很大，植物体内重金属元素的迁移难易程度不同。如淮南矿区复垦区土壤中重金属元素 Cr 与 Cd 对根区土壤的污染最重，最适宜煤矿复垦区草本植物修复的种类为菊芋和鬼针草；临汾西山煤矿周边的 5 种优势植物研究发现，夏至草的转运系数和富集系数最高，为 Pb 超富集植物。山西省某煤矿区周边农田土壤的重金属污染状况研究发现，其种植的小白菜各部位富集重金属能力大小为根＞茎＞叶。

基于第 5 章植被恢复对土壤质量的改善作用，本章进一步筛选适用于煤矿区重金属污染修复的耐性植物。针对煤矿复垦区，通过本土植物来修复土壤重金属污染更具优势，选择渝西某煤矿复垦区生长旺盛、分布频繁的草本植物进行研究，其草本植物在修复方面具有低成本、安全、生长快速且适应性强的特点。探讨这些草本植物在土壤重金属净化上的应用潜力，将其应用到煤矿复垦区植物修复的可能性。

以渝西某废弃煤矿复垦区中常见的 3 种草本植物及其根际土壤为研究对象，通过测定植物各组织的重金属含量，计算其富集系数、转运系数、单因子污染指数、内梅罗综合污染指数，分析了重金属在植物各组织和根际土壤中的污染程度及其生物富集转运情况，筛选出兼具耐受性与修复潜力的优势物种，为土壤重金属的植物修复技术提供物种资源与应用依据。

6.1 样品采集与预处理

在复垦区中两个不同区域分别筛选生长状况良好、分布广泛的土著植物，随机采集生长期接近、代表性较好的植物 3～5 株，植物整株采集，采集后分为根、茎、叶、果实四部分（部分植物无果实）分别装入塑料袋保存并贴上相应标签。同时采集植物根际 0～20cm 深度的土壤，大约 500g 混合成一个土壤样品。将植物样本用自来水和纯水顺序清洗后晾干，置于烘箱中 105℃杀青 30min 后，65℃至恒重后用石英研钵研磨，过 80 目筛备用。将土壤样本平摊风干，挑出其杂质，用玻璃研钵研磨，分别过 40 目和 150 目筛备用。

6.2 土壤和植物重金属累积评价方法

先将处理好的土壤和植物样品进行消解，用火焰（乙炔）原子吸收分光光度计进行重金属含量测定，测量 Mn、Pb、Zn、Cu、Cd、Cr、Ni 七种重金属含量，每个样品做 3 个重复试验，测量其间使用北京某公司各元素的标准品做标准曲线，并每隔 9 个样品使用中间标准品溶液进行 1 次数据校准，当回收率在 100%±10%以内时继续测定，否则重新测定。

土壤重金属污染评价采用单因子污染指数法和内梅罗综合污染指数法，详见 2.3 部分；植物重金属累积评价采用转运系数法和富集系数法。

6.2.1 富集系数法

生物富集系数用于描述生物体内化学物质的积累程度，可有效评估植物从基质中积累元素的能力，并直观反映植物对某一重金属元素的富集作用，计算公式同“3.4.1 健康风险评价方法”部分。

6.2.2 转运系数法

转运系数（translocation factor，TF）就是植物富集的某种金属元素地上部分含量与根部含量之比，用于评价植物将重金属从地下根部向地上部分的运输能力。计算公式如下。

$$\mathrm{TF}=\frac{T_{\text{地上部}}}{T_{\text{地下部}}}$$

$$T_{地上部}=C_{茎}+C_{叶}+C_{果实}$$

式中，$T_{地上部}$为植物地上部某种重金属的含量，mg/kg；$T_{地下部}$为地下部某种重金属的含量，mg/kg；$C_{茎}$、$C_{叶}$、$C_{果实}$分别表示植物茎、叶和果实中某种重金属的含量，mg/kg。

转运系数也可以指植物各部位间重金属元素的迁移转运能力，是调查植物中重金属元素胁迫程度的重要指标，其中，茎部转运系数（TF_{shoot}）表示茎部重金属元素质量分数（C_{shoot}，mg/kg）与根部重金属元素质量分数（C_{root}，mg/kg）的比值；叶片转运系数（TF_{leaf}）表示叶片重金属元素质量分数（C_{leaf}，mg/kg）与茎部重金属元素质量分数（C_{shoot}，mg/kg）的比值。

6.3 复垦区土壤重金属污染程度评价

从表 6-1 可以看出，渝西某废弃煤矿复垦区草本植物根际土壤中 Pb、Cd、Ni 元素含量在各样地均超过重庆土壤背景值；Cr 元素含量超出重庆土壤背景值的有相对自然复垦区的蚕豆和接骨草的根际土壤，其他土壤样本均未超标；Zn 元素含量超出重庆土壤背景值的只有农业生产复垦区的接骨草，其余均小于背景值。其中 Cd 超出重庆土壤背景值 6.9～11.8 倍且超出农用地土壤污染风险管制值 3.7～6.3 倍。表明两个复垦区根系土壤中都受到 Pb、Cd、Ni 的污染，农业生产复垦区根系土壤中还受到 Zn 的污染；相对自然根系土壤中还受到 Cr 的污染，且 Cd 已对该地区造成较严重的污染，具有潜在的生态危害。

由单因子污染指数评价表明，土壤样品仅受到 Cd 的污染，并且 Cd 污染严重，6 个土壤样品的 Mn 元素污染指数均值达到 5.09，属于重度污染。7 种重金属综合污染指数的范围为：$P_{Pb}=0.45\sim0.55$，$P_{Zn}=0.32\sim0.38$，$P_{Cu}=0.09\sim0.13$，$P_{Cr}=0.36\sim0.45$，$P_{Cd}=4.85\sim5.47$，$P_{Ni}=0.42\sim0.51$。煤矿复垦区未受到 Pb、Zn、Cu、Cr、Ni 污染，但受到较为严重的 Cd 污染，6 个土壤样品的 Cd 元素污染指数均值达到 5.09，属于重度污染（表 6-2）。与单因子污染指数有着同样的结论。

综上可见，煤矿复垦区土壤受到较为严重的 Cd 污染，与重庆土壤背景值相比，复垦区土壤中 Cd 的平均含量高出 8.89 倍。根据单因子污染指数法和内梅罗综合污染指数法对复垦区土壤进行污染评价的结果来看，煤矿复垦区土壤样品均未受到其他重金属的污染，但受到严重的 Cd 污染。

由变异系数可知，各元素变异程度存在明显的差异，变异程度大小顺序为 Cu＞Pb＞Cr＞Mn＞Ni＞Zn＞Cd，Cd 的变异系数相对较小，有 0.09，属于低度变异（变异系数小于 0.1）；Cu 的变异系数相对较高，有 0.45，属于高度变异（变异系数大于 0.35）；其余重金属元素属于中等变异（变异系数为 0.15～0.35）。由此可知，相对于其他几种重金属而言，Cu 在空间分布上最不均匀。

表 6-1 煤矿复垦区根际土壤中重金属含量

植物根际土	区域	重金属含量/(mg/kg)						
		Cu	Zn	Pb	Cd	Cr	Ni	Mn
蚕豆	复垦区 A	(10.69±1.13)ab	(73.48±7.09)bc	(63.66±4.32)a	(1.40±0.07)ab	(55.62±5.55)c	(32.73±1.48)d	(320.62±26.46)d
	复垦区 B	(7.23±1.64)c	(67.04±2.55)bcd	(66.41±5.25)a	(1.48±0.14)ab	(89.16±3.36)a	(31.22±2.61)d	(234.22±18.66)c
异叶黄鹌菜	复垦区 A	(9.78±2.48)bc	(59.76±1.55)a	(36.12±2.11)c	(1.36±0.07)ab	(69.56±0.76)b	(69.56±0.76)b	(326.27±15.00)a
	复垦区 B	(12.78±1.44)a	(77.16±4.53)b	(42.26±3.62)c	(1.24±0.14)b	(63.50±5.06)b	(40.49±3.80)b	(282.63±31.32)b
接骨草	复垦区 A	(4.36±0.52)d	(94.30±8.94)a	(55.66±4.12)b	(1.64±0.25)a	(49.85±5.54)c	(35.92±2.63)cd	(340.01±11.38)a
	复垦区 B	(3.61±1.63)d	(63.08±8.20)ba	(39.20±4.15)c	(1.40±0.25)ab	(83.41±3.28)a	(46.60±0.58)ab	(186.34±13.29)d
最大值		12.78	94.3	66.41	1.64	89.16	50.85	340.01
最小值		3.61	59.76	36.12	1.24	49.85	31.22	186.34
平均值		8.08	72.47	50.55	1.42	68.52	39.63	266.68
标准差		3.64	12.48	13.08	0.13	15.42	7.84	59.98
SbvC		21.9	85.9	27.2	0.16	74.6	33.3	606
风险筛选值(6.5<pH≤7.5)		100	250	120	0.3	200	100	—
超标倍数/倍		0.37	0.84	1.86	8.89	0.92	1.19	0.44

注：同列不同字母表示不同采样点同一元素含量差异显著($P<0.05$)；超标倍数按重庆土壤背景值(SbvC)计算；复垦区 A 为农业生产区；复垦区 B 为相对自然区域。

表 6-2　煤矿复垦区土壤重金属单因子（P_i）和综合污染指数（$P_{综合}$）评价结果

植物根际土	区域	P_i							$P_{综合}$
		Cu	Zn	Pb	Cd	Cr	Ni	Mn	
蚕豆	复垦区 A	0.12 清洁	0.34 清洁	0.54 清洁	5.09 重污染	0.37 清洁	0.43 清洁	— —	3.53 重污染
	复垦区 B	0.1 清洁	0.33 清洁	0.55 清洁	5.21 重污染	0.45 清洁	0.42 清洁	— —	3.57 重污染
异叶黄鹌菜	复垦区 A	0.11 清洁	0.32 清洁	0.45 清洁	5.03 重污染	0.4 清洁	0.51 清洁	— —	3.51 重污染
	复垦区 B	0.13 清洁	0.34 清洁	0.46 清洁	4.85 重污染	0.39 清洁	0.46 清洁	— —	3.45 重污染
接骨草	复垦区 A	0.1 清洁	0.38 清洁	0.51 清洁	5.47 重污染	0.36 清洁	0.44 清洁	— —	3.66 重污染
	复垦区 B	0.09 清洁	0.32 清洁	0.45 清洁	5.09 重污染	0.43 清洁	0.49 清洁	— —	3.53 重污染

6.4 植物各组织对重金属的富集和转运能力分析

6.4.1 植物组织重金属含量分析

根据表 6-3 可知，复垦区的 3 种植物各组织对重金属元素 Mn 的含量变化范围为 5.53～277.14mg/kg，植物对 Mn 的正常含量为 10～100mg/kg，其中有部分植物的组织超出了这个范围，分别是复垦区的蚕豆根、茎、叶，非复垦区的蚕豆根，其含量分别是 116.85mg/kg、277.14mg/kg、113.36mg/kg、120.44mg/kg，超出正常含量最高临界值的 1.17 倍、2.78 倍、1.13 倍、1.20 倍。对重金属元素 Pb 的含量变化范围为 2.99～13.56mg/kg，植物对 Pb 的正常含量为 0.1～41.7mg/kg，研究区域内的各植物组织均在正常含量范围内对重金属元素 Zn 的含量变化范围为 3.57～177.02mg/kg，植物对 Zn 的正常含量为 1～160mg/kg，其中只有复垦区 A 的蚕豆叶超出了这个范围，其含量为 177.02mg/kg，超出正常含量最高临界值的 1.11 倍。对重金属元素 Cu 的含量变化范围为 4.93～20.79mg/kg，植物对 Cu 的正常含量为 0.4～45.8mg/kg，研究区域内的各植物组织均在正常含量范围内。对重金属元素 Cr 的含量变化范围为 4.93～20.79mg/kg，植物对 Cr 的正常含量为 0.2～8.4mg/kg，其中有部分植物的组织超出了这个范围，分别是复垦区 A 的蚕豆根、接骨草根，复垦区 B 的蚕豆根、接骨草根，其含量分别是 23.08mg/kg、28.14mg/kg、29.73mg/kg、25.32mg/kg，超出正常含量最高临界值的 2.75 倍、3.35 倍、3.54 倍、3.01 倍。对重金属元素 Cd 的含量变化范围为 0.1～～3.75mg/kg，植物对 Cd 的正常含量为 0.05～0.2mg/kg，除复垦区 A 的蚕豆（果实）、接骨草叶以及复垦区 B 的蚕豆（果实）、接骨草叶外，其余的植物各组织均超过正常含量最高临界值，其中超出倍数最高的有 18.75 倍。对重金属元素 Ni 的含量变化范围为 2.69～82.40mg/kg，植物对 Ni 的正常含量为 0.1～50mg/kg，其中只有复垦区的异叶黄鹌菜根超出这个范围，其含量为 82.40mg/kg，超出正常含量最高临界值的 1.65 倍。

表 6-3 煤矿复垦区草本植物中各组织重金属含量

复垦区域	植物	部位	重金属含量/(mg/kg)						
			Cu	Zn	Pb	Cd	Cr	Ni	Mn
复垦区 A	蚕豆	茎	7.15±0.34	84.30±5.58	8.04±0.40	0.51±0.07	2.69±0.21	4.07±0.30	277.14±4.57
		叶	8.73±0.59	177.02±3.26	8.05±0.40	0.56±0.03	2.57±0.21	4.47±0.41	113.36±2.57
		果实	9.12±1.68	57.94±4.53	6.89±0.69	0.18±0.06	1.43±0.37	2.69±0.60	22.23±0.62
		地上部分	25.00±2.61	319.26±13.37	22.98±1.49	1.25±0.16	6.69±0.79	11.23±1.31	412.73±7.76
		地下部分	13.56±0.34	45.31±4.19	13.56±1.05	1.57±0.07	23.08±1.48	22.35±1.14	116.85±6.84
	异叶黄鹌菜	茎	5.82±0.62	53.18±2.70	3.68±0.40	1.62±0.18	7.17±0.32	23.55±1.44	50.77±3.91
		叶	12.03±0.62	135.26±6.92	5.29±0.80	3.75±0.29	0.14±0.07	6.55±0.69	60.62±4.89
		地上部分	17.85±1.24	188.44±9.62	8.97±1.2	5.37±0.47	7.31±0.39	30.10±2.13	111.39±8.8
		地下部分	15.28±0.86	71.00±4.62	6.21±0.69	1.81±0.36	10.27±0.50	82.40±6.90	49.52±2.80
	接骨草	茎	4.93±0.34	3.57±0.24	3.68±1.05	0.51±0.07	1.84±0.21	9.54±2.22	5.43±0.24
		叶	7.10±0.30	19.94±0.32	3.45±0.69	0.19±0.00	3.67±1.12	4.71±1.43	22.64±0.25
		地上部分	12.03±0.64	23.51±0.56	7.13±1.74	0.70±0.07	5.51±1.33	14.25±3.65	28.07±0.49
		地下部分	9.47±0.59	23.30±2.21	5.06±0.40	0.63±0.05	28.14±1.85	40.34±4.19	49.71±0.75
复垦区 B	蚕豆	茎	11.28±0.34	26.42±1.20	7.81±0.79	0.30±0.06	14.57±0.25	9.98±0.63	36.09±1.94
		叶	8.43±0.29	45.65±3.20	7.58±0.69	0.26±0.03	0.29±0.07	6.20±0.69	36.11±0.57
		果实	9.90±1.07	57.92±4.53	8.04±0.40	0.16±0.03	0.57±0.07	3.91±0.80	13.73±0.53
		地上部分	29.61±1.70	129.99±8.93	23.43±1.88	0.72±0.12	15.43±0.39	20.09±2.12	85.93±3.04
		地下部分	18.09±1.20	40.73±3.17	7.81±1.05	0.58±0.05	29.73±0.79	19.32±0.72	120.44±0.35
	异叶黄鹌菜	茎	9.85±0.17	53.07±5.96	4.37±2.61	0.47±0.06	6.23±0.31	15.28±2.10	13.22±1.44
		叶	20.79±2.29	57.07±4.44	5.28±0.40	0.87±0.29	2.88±0.61	6.55±0.69	24.08±2.22
		地上部分	30.64±2.46	110.14±10.40	9.65±3.01	1.34±0.35	9.11±0.92	21.83±2.79	37.3±3.66
		地下部分	14.69±1.12	33.74±3.72	5.06±1.43	0.22±0.03	22.3±1.53	40.8±3.47	37.05±0.45
	接骨草	茎	8.48±0.45	19.63±3.56	2.99±0.80	0.43±0.05	8.62±0.51	22.18±1.74	17.03±0.33
		叶	7.20±0.17	24.61±0.89	3.22±0.80	0.10±0.00	1.84±0.44	7.47±1.44	25.00±0.07
		地上部分	15.68±0.62	44.24±4.45	6.21±1.60	0.53±0.05	10.46±0.95	29.65±3.18	42.03±0.40
		地下部分	11.63±0.61	29.97±4.23	4.83±0.00	0.34±0.05	25.32±2.61	45.16±4.30	55.44±2.67
植物正常含量			0.4～45.8	1～160	0.1～41.7	0.05～0.2	0.2～8.4	0.1～50	10～100

注：超富集植物重金属含量参考值为 Mn、Zn>10000mg/kg；Pb、Cu、Cr、Ni>1000mg/kg；Cd>100mg/kg。复垦区 A 为农业生产区；复垦区 B 为相对自然区域。

分析得到各植物组织中Pb、Cu、Ni均在植物正常含量范围内；少数植物组织中Mn、Zn、Cr超出植物正常含量最高临界值；除复垦区A的蚕豆（果实）、接骨草叶以及复垦区B的蚕豆（果实）、接骨草叶外，其余的植物各组织中Cd均超过正常含量最高临界值，其中超出倍数最高的有18.75倍，因此，三种植物均表现出对Cd的良好耐性，均属于Cd的耐性植物。

与超富集植物重金属含量参考值进行对比，发现本研究的植物体内重金属含量与参考值差距很大，经研究表明植物重金属含量与相应土壤重金属元素含量呈正相关的关系，这也是植物重金属含量与超富集植物重金属含量参考值相比差距很大的一个重要因素。

6.4.2 植物组织对重金属的富集能力分析

为了更好地了解不同复垦区同一种植物对重金属富集、积累的差异，初步探究植物富集重金属的稳定性，以下针对两个复垦区内长势良好的共有植物即蚕豆、异叶黄鹌菜和接骨草进行分析，具体结果见表6-4。

表6-4　不同复垦区不同植物对重金属的富集能力

植物名称	区域	部位	富集系数						
			Mn	Pb	Zn	Cu	Cr	Cd	Ni
蚕豆	复垦区A	根	0.507	0.213	0.617	1.268	0.415	1.121	0.683
		茎	1.202	0.126	1.147	0.668	0.048	0.366	0.124
		叶	0.492	0.126	2.409	0.816	0.046	0.400	0.137
		果实	0.096	0.108	0.788	0.853	0.026	0.126	0.082
		总富集系数	2.296	0.574	4.962	3.606	0.535	2.012	1.026
	复垦区B	根	0.514	0.118	0.608	2.503	0.333	0.389	0.619
		茎	0.154	0.118	0.394	1.561	0.163	0.205	0.320
		叶	0.154	0.114	0.681	1.166	0.003	0.173	0.199
		果实	0.059	0.121	0.864	1.370	0.006	0.108	0.125
		总富集系数	0.881	0.471	2.547	6.600	0.506	0.876	1.262
异叶黄鹌菜	复垦区A	根	0.152	0.172	1.188	1.562	0.148	1.331	1.620
		茎	0.156	0.102	0.890	0.595	0.103	1.189	0.463
		叶	0.186	0.146	2.264	1.229	0.002	2.755	0.129
		总富集系数	0.493	0.420	4.342	3.386	0.253	5.275	2.212
	复垦区B	根	0.131	0.120	0.437	1.150	0.351	0.181	1.008
		茎	0.047	0.103	0.688	0.771	0.098	0.375	0.377
		叶	0.085	0.125	0.740	1.627	0.045	0.698	0.162
		总富集系数	0.263	0.348	1.865	3.548	0.494	1.254	1.547
接骨草	复垦区A	根	0.146	0.091	0.247	2.171	0.565	0.381	1.123
		茎	0.016	0.066	0.038	1.130	0.037	0.313	0.265
		叶	0.067	0.062	0.211	1.628	0.074	0.117	0.131
		总富集系数	0.229	0.219	0.496	4.929	0.675	0.811	1.520
		根	0.298	0.123	0.475	3.221	0.304	0.240	0.969
	复垦区B	茎	0.091	0.076	0.311	2.348	0.103	0.309	0.476
		叶	0.134	0.082	0.390	1.992	0.022	0.069	0.160
		总富集系数	0.523	0.281	1.176	7.561	0.429	0.618	1.605

注：复垦区A为农业生产区域；复垦区B为相对自然区域。

（1）蚕豆不同组织对重金属吸收累积的差异。根据表 6-4，对蚕豆不同部位重金属富集能力进行多簇分析，结果见图 6-1。

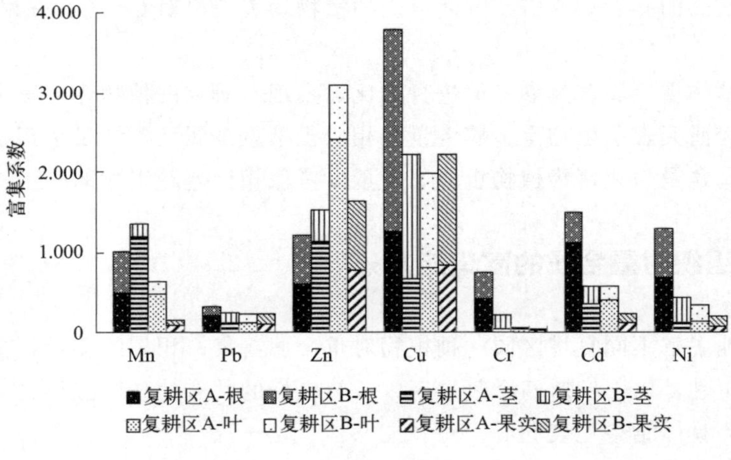

图 6-1　不同复垦区蚕豆重金属累积差异

根据表 6-4 和图 6-1 可知，蚕豆在复垦区 A、复垦区 B 中各组织对重金属元素 Mn 的吸收、富集，其中根部对 Mn 的富集能力相差不大，叶部、茎部、果实的富集能力表现为复垦区 A≫复垦区 B，蚕豆对 Mn 总富集能力表现为复垦区 A＞复垦区 B。蚕豆各个组织对重金属元素 Pb 的吸收、富集，其中根部对 Pb 的富集能力表现为复垦区 A＞复垦区 B。叶部、茎部、果实对 Pb 的富集能力相差不大，所以蚕豆对 Pb 的总富集能力表现为复垦区 A＞复垦区 B。蚕豆各个组织对重金属元素 Zn 的吸收、富集，其中根部和果实的富集能力相差不大，茎部和叶部对 Zn 的富集能力表现为复垦区 A≫复垦区 B，所以蚕豆对 Zn 的总富集能力表现为复垦区 A＞复垦区 B。蚕豆各个组织对重金属元素 Cu 的吸收、富集，其中根部、茎部、叶部和果实的富集能力表现为复垦区 B≫复垦区 A，所以蚕豆对 Cu 的总富集能力表现为复垦区 B＞复垦区 A。蚕豆各个组织对重金属元素 Cr 的吸收、富集，其中根部、茎部、叶部和果实的富集能力表现为复垦区 A＞复垦区 B，所以蚕豆对 Cr 的总富集能力表现为复垦区 A＞复垦区 B。蚕豆各个组织对重金属元素 Cd 的吸收、富集，其种根部、茎部和叶部对 Cd 的富集能力表现为复垦区 A≫复垦区 B，果实对 Cd 的富集能力表现为复垦区 B＞复垦区 A，所以蚕豆对 Cd 的总富集能力表现为复垦区 A＞复垦区 B。蚕豆各个组织对重金属元素 Ni 的吸收、富集，其中根部和叶部对 Ni 的富集能力相差不大，茎部和果实对 Ni 的富集能力表现为复垦区 B＞复垦区 A，所以蚕豆对 Ni 的总富集能力表现为复垦区 B＞复垦区 A。分析发现蚕豆对重金属元素 Pb 和 Ni 的富集能力较为稳定。

（2）异叶黄鹌菜不同部位对重金属吸收累积的差异。根据表 6-4 对异叶黄鹌菜不同部位重金属富集能力进行多簇分析，结果见图 6-2。

根据表 6-4 和图 6-2 可知，在复垦区 A、复垦区 B 中，异叶黄鹌菜各组织对 Mn 的吸收、富集，其中根部对 Mn 的富集能力表现为复垦区 A≫复垦区 B，叶部和茎部的富集能

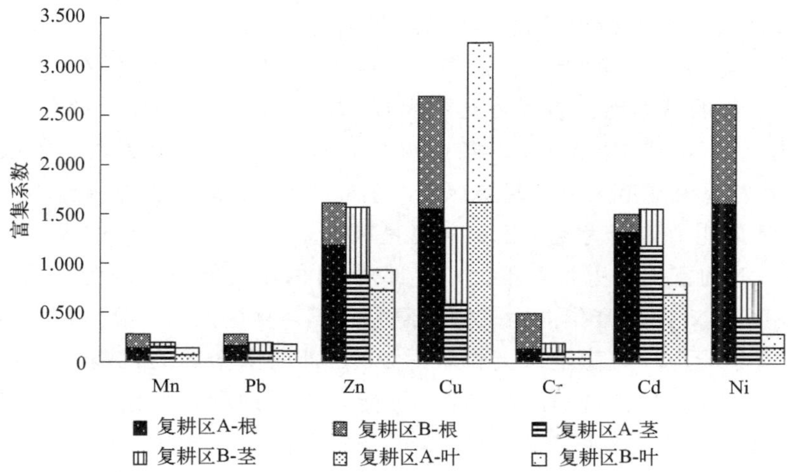

图 6-2 不同复垦区异叶黄鹌菜重金属富集差异

力表现为复垦区 A>复垦区 B，故异叶黄鹌菜对 Mn 的总富集能力表现为复垦区 A>复垦区 B。各个组织对 Pb 的吸收、富集，其中根部对 Pb 的富集能力表现为复垦区 A>复垦区 B，叶部和茎部对 Pb 的富集能力相差不大，所以异叶黄鹌菜对 Pb 的总富集能力表现为复垦区 A>复垦区 B。各个组织对 Zn 的吸收、富集，其中根部和叶部的富集能力为复垦区 A≫复垦区 B，茎部对 Zn 的富集能力相差不大，所以异叶黄鹌菜对 Zn 的总富集能力表现为复垦区 A>复垦区 B。各个组织对 Cu 的吸收、富集，其中根部的富集能力表现为复垦区 A>复垦区 B，茎部的富集能力表现为复垦区 B>复垦区 A，叶部的富集能力相差不大，总体上，异叶黄鹌菜对 Cu 的总富集能力表现为复垦区 B>复垦区 A。各个组织对 Cr 的吸收、富集，其中根部的富集能力表现为复垦区 B>复垦区 A，茎部的富集能力相差不大，叶部的富集能力表现为复垦区 A>复垦区 B，总体上，异叶黄鹌菜对 Cr 的总富集能力表现为复垦区 B>复垦区 A。各个组织对 Cd 的吸收、富集，其中根部、茎部和叶部对 Cd 的富集能力为复垦区 A>复垦区 B，所以异叶黄鹌对 Cd 的总富集能力表现为复垦区 A>复垦区 B。各个组织对 Ni 的吸收累积，其中根部对 Ni 的富集能力表现为复垦区 A≫复垦区 B，茎部和叶部对 Ni 的富集能力相差不大，所以异叶黄鹌对 Ni 的总富集能力表现为复垦区 A>复垦区 B。分析发现异叶黄鹌菜对重金属元素 Pb 的富集能力较为稳定。

（3）接骨草不同部位对重金属吸收累积的差异。根据表 6-4 对接骨草不同部位重金属富集能力进行多簇分析，结果见图 6-3。

根据表 6-4 和图 6-3 可知，接骨草在复垦区 A、复垦区 B 中各组织对 Mn 的吸收、富集，其中根部、茎部和叶部对 Mn 的积累富集能力表现为复垦区 B>复垦区 A，所以接骨草对 Mn 的总富集能力表现为复垦区 B>复垦区 A。各个组织对 Pb 的吸收、富集，其中根部、茎部和叶部对 Pb 的富集能力相差不大，接骨草对 Pb 的总富集能力变现为复垦区 B>复垦区 A。各个组织对 Zn 的吸收、富集，其中根部、茎部和叶部的富集能力表现为复垦区 B>复垦区 A，所以接骨草对 Zn 的总富集能力表现为复垦区 B>复垦区 A。各个组织对 Cu 的吸收、富集，其中根部、茎部的富集能力表现为复垦区 B>复垦区 A，叶部的富集能力相差不大，所以接骨草对 Cu 的总富集能力表现为复垦区 B>复垦区 A。各个组织对 Cr 的吸收、富集，其中根部和叶部的富集能力表现为复垦区 A>复垦区 B，茎部的富集能力表现为复垦区 B>复垦区 A，总体上，接骨草对 Cr 的总富集能力表现为复垦区 A>复垦区 B。各个组织对 Cd 的吸收、富集，其中根部和叶部对 Cd 的富集能力表现为复垦区 A>复垦区 B，茎部对 Cd 的富集能力相差不大，所以接骨草对 Cd 的总富集能力表现为复垦区 A>复垦区 B。各个组织对 Ni 的吸收、富集，其中根部和叶部对 Ni 的富集能力相差不大，茎部对 Ni 的富集能力表现为复垦区 B>复垦区 A，所以接骨草对 Ni 的总富集能力表现为复垦区 B>复垦区 A。分析发现接骨草对重金属元素 Pb 的富集能力较为稳定。接骨草对 Pb 之外的重金属的富集程度表现出了较大的差异，说明同种植物在不同环境条件下可能发生不同种群之间的差异和分化，形成了不同的生态型。

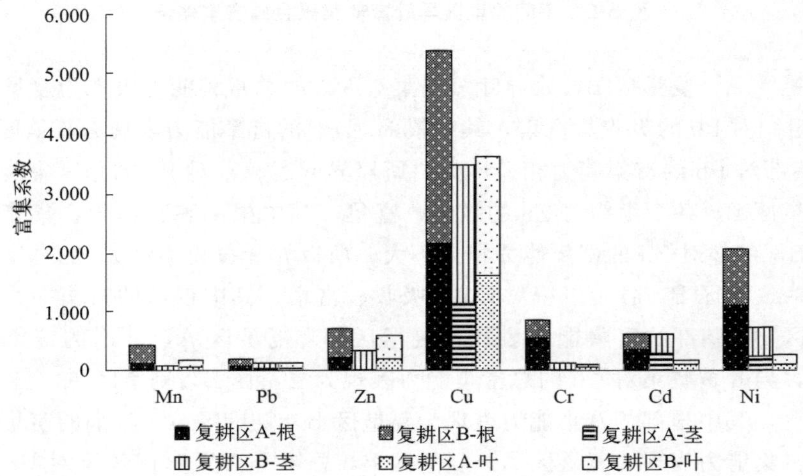

图 6-3 不同研究区域接骨草重金属累积差异

整体来看，植物对 Cu、Zn、Cd 都有较强的富集能力，蚕豆对 Cu、Zn、Cd、Mn 都有较强的富集能力，异叶黄鹌菜对 Zn、Cd、Ni 有较强的富集能力，接骨草对 Cu、Cr、Ni 都有较强的富集能力，表明这三种草本植物均对复合污染的土壤具有修复作用；异叶黄鹌菜和接骨草的地下部分对 Ni 都有很好的富集效果，表明 Ni 主要富集在植物的地下部分。通过对两个复垦区草本植物的富集系数加和值可以看出，地上部分的富集系数大于地下部分（农业生产复垦区接骨草除外），不同草本植物富集多种重金属的能力差异很大，农业生产复垦区异叶黄鹌菜>农业生产复垦区蚕豆>相对自然复垦区蚕豆>相对自然复垦区接骨草>相对自然复垦区异叶黄鹌菜>农业生产复垦区接骨草。其中农业生产复垦区中蚕豆和异叶黄鹌菜的富集系数总和明显较高，相对自然复垦区中蚕豆和接骨草的富集系数总和明显较高。

6.4.3 三种植物对重金属的转运能力分析

由表 6-5 可以看出，两个复垦区的草本植物的转运系数相对都比较大，Cu 的转运系数为 1.17～2.09，其中最大转运系数为 2.09，为相对自然复垦区异叶黄鹌，最小转运系数为 1.17，为农业生产复垦区异叶黄鹌菜，均大于 1.0，说明相植物比较容易迁移 Cu；Zn 的转运系数为 1.01～7.05，农业生产复垦区蚕豆对 Zn 的转运系数最大（7.05），说明农业生产复垦区蚕豆更容易迁移 Zn，最小的是农业生产复垦区接骨草（1.01）；Pb 的转运系数为 1.29～3.00，最大的是相对自然复垦区蚕豆，最小的是相对自然复垦区接骨草，均大于 1.0，说明将 Pb 从地下部分向地上部分的运输和富集能力比较强；Cd 的转运系数为 0.80～6.09，除农业生产复垦区蚕豆（0.80）外，其余植物转运系数均大于 1，最大富集系数为 6.09，为相对自然复垦区异叶黄鹌菜；Cr 的转运系数为 0.20～0.71，农业生产复垦区异叶黄鹌菜（0.71）、相对自然复垦区蚕豆（0.52）转运系数大于 0.5，其余均小于 0.5，说明迁移 Cr 能力差；Ni 的转运系数为 0.35～1.04，除相对自然复垦区蚕豆转运系数（1.04）大于 1.0 外，其余植物转运系数均小于 1.0，最小的是农业生产复垦区接骨草；Mn 的转运系数为 0.56～3.53，相对自然复垦区接骨草（0.76）、相对自然复垦区蚕豆 0.71）和农业生产复垦区接骨草（0.56）转运系数小于 1.0，其余均大于 1.0。可以看出这些植物对 Cu、Zn、Pb、Cd（农业生产复垦区蚕豆除外）都有较强的转运能力，但对 Cr 的转运能力相对较低；相对自然复垦区蚕豆对 Ni 有较强的转运能力，而农业生产复垦区蚕豆和异叶黄鹌菜对 Mn 有较强的转运能力。说明这些植物可适应复合型污染物。

表 6-5 不同植物对重金属的转运系数

区域	植物	转运系数						
		Cu	Zn	Pb	Cd	Cr	Ni	Mn
复垦区 A	蚕豆	1.84	7.05	1.69	0.80	0.29	0.50	3.53
	异叶黄鹌菜	1.17	2.65	1.44	2.97	0.71	0.37	2.25
	接骨草	1.27	1.01	1.41	1.11	0.20	0.35	0.56
复垦区 B	蚕豆	1.64	3.19	3.00	1.24	0.52	1.04	0.71
	异叶黄鹌菜	2.09	3.26	1.91	6.09	0.41	0.54	1.01
	接骨草	1.35	1.48	1.29	1.56	0.41	0.66	0.76

6.4.4 小结

通过复垦区植物对重金属的富集和转运能力分析。发现蚕豆对重金属元素 Cu、Zn 的富集能力及转运能力较好；异叶黄鹌菜对重金属元素 Zn、Cu 和 Cd 的富集能力较好；接骨草对重金属元素 Cu 的富集能力较好。其中异叶黄鹌菜根、茎和叶对 Cd 的富集系数分别为 1.331、1.189、2.755，富集系数均大于 1.0，且异叶黄鹌菜对 Cd 的转运系数为 2.97，转运系数也大于 1.0，属于 Cd 的潜在富集植物。接骨草根、茎和叶对 Pb 的富集系数为 0.091、0.066、0.062，富集能力较低，属于 Pb 规避型植物。

第7章

矿区植物根际微生物对重金属的耐受性

煤炭作为我国第一大能源物质，需求量日益增加，致使煤矿开采力度逐年增大。由于煤炭资源开发过程中产生了大量的废水、废渣、煤矸石等，煤矿区，尤其是废弃矿区，成了重大的环境污染源之一，引起了广泛的关注。其中大量的重金属通过风化、粉尘、地表径流、渗滤等方式排放到煤矿区及周边的土壤中，对周边地下水质量、土壤健康、农作物安全、人群健康、土壤微生物活性及其他植物的生长和发展造成潜在的影响。因此，采矿迹地的土壤重金属监测与生态修复势在必行。

土壤微生物（细菌、真菌）是土壤生态系统的重要组成部分，它通过分泌各种酶参与土壤中有机质的分解、腐殖质的形成、土壤元素循环等过程，对于土壤环境改善和生态环境恢复具有不可替代的作用。同时，由于其对重金属污染的敏感性，土壤微生物群落结构的变化常作为评估重金属污染的生物指标，在重金属胁迫下也会富集各种重金属耐性细菌和真菌。

目前，关于废弃矿区在自然衰退过程中重金属对土壤微生物的影响关注较多。在矿区的土壤复垦及植物修复中，人们也越来越重视生态系统中植物和微生物的联合作用。微生物与植物的互利共生不仅促进了植物的生长，而且促进水分和养分吸收能力，增加植物生物量，增强植物耐受性，从而提高植物对重金属的吸收能力和植物修复的综合能力。整体上讲，不同的植物修复模式，对微生物的多样性、组成有决定性的影响。

根际是植物与微生物相互作用的热点区域，根系分泌物是微生物营养的主要来源，是微生物种群和活动的驱动力。根际微生物群落对根际土壤中重金属的有效性有重要的影响。新兴生态修复技术强调自然过程驱动，如微生物诱导碳酸盐沉淀技术可将土壤团聚体稳定性提升 30%～50%，植物-微生物联合修复体系对 Cd-Zn 复合污染去除效率达 68.9%。当前研究空白体现在：①修复技术多停留在实验室尺度，缺乏矿区复杂环境下的适应性验证；②碳汇功能恢复与生物多样性保护的协同机制尚未明晰。

微生物为应对重金属胁迫产生了多种耐受机制，如利用多种外排泵将重金属转运到细胞外，或促进重金属离子甲基化与氧化还原作用，转化其价态，降低其毒性。有学者报道11种微杆菌属（*Microbacterium* spp.）分离菌株基因组中含有Co/Zn/Cd外排系统，对重金属Co/Zn/Cd表现出了强的耐受性（0.1mmol/L）。

近年来组学技术可以揭示微生物不同表型的形成的分子调控机制。其中转录组学技术能提供当微生物感知外界因素变化时的基因表达谱快照，提供关键和强有力的证据来解释这些变化“为什么”和“怎样”影响微生物的活性。因此，更深入地了解分离菌株的重金属吸附特性，可以结合转录组学分析。笔者发现，某稀土尾矿库区土壤重金属污染对细菌、真菌及氨氧化微生物的丰度、多样性及组成产生了明显的不利影响，其中亚硝化单胞菌（*Nitrosomonas* sp.）可能是一种潜在的重金属污染指示物，重金属耐性分离真菌的菌株对重金属有高吸附率，耐受性强。然而，根际土壤受根系及其分泌物的影响，与一般土壤相比，微生物群落、活性都有较大的区别。由于矿区的生态环境具有很大的地域、气候、污染程度、种植植物种类等的差异性，因此对于有关矿区生态植物修复中植物-土壤微生物之间的相互作用问题，还需要开展更广泛的研究。

重庆市辖区内除渝中区、大渡口区、潼南区外，其他35个区县、自治县均有含煤地层出露，主要为二叠系上统龙潭组/吴家坪组和三叠系上统须家河组。重庆市煤炭资源开发利用历史悠久，形成了比较完整的煤炭工业体系，为重庆市的社会经济发展做出了重要贡献。但随着煤炭产能结构调整等相关政策的出台，全市大批煤矿实施了关闭。据统计，截至2017年底，全市在采煤矿约60个，关闭煤矿1268个，已备案复垦项目占比不到35%，并且相关复垦项目基本未考虑土壤重金属污染问题。有学者以重庆市的6个煤矿区为研究对象，发现Cr、Ni、Cu、Zn、Cr均有超标现象。但对煤矿区复垦等植物修复系统中土壤微生物并没有做深入研究。

基于以上认识，本章聚焦根际微生物在重金属修复中的协同作用。以煤矿复垦区接骨草根际土为样本，通过宏基因组测序解析根际微生物群落结构，分析植物修复中根际微生物的多样性和分布特征，分离鉴定对Cd、Cr等重金属具有高耐受性的细菌和真菌的菌株。分析重金属耐性菌株金属代谢相关基因的表达，探究其吸附机制与促植物生长特性（如固氮、溶磷），揭示植物-微生物相互作用如何增强重金属耐性与修复效率，为构建耐性菌株及植物联合修复体系提供微生物资源与理论基础。

7.1 样地布设与样品采集

样地选择与样点布设同第5章。

采集废弃煤矿区的复垦区、原始植被区采集接骨草（*Sambucus chinensis* Lind.）的根际土和非根际土样，在非复垦区采集煤矸石场土样。详细采样过程同第5章。

采集后将样品装入无菌自封袋和无菌离心管，放入冷藏箱中运输至实验室保存。将采集土壤样品分3份保存。一份放入−80℃低温冰箱保存，用于分子试验；一份4℃保存用于微生物分离和土壤酶活性测定；另一份室温风干过筛，用于土壤养分含量和理化性质分析。

7.2 分子生物学分析方法

7.2.1 微生物宏基因组 DNA 提取方法

土壤样品基因组 DNA 抽提采用试剂盒 Fast DNA SPIN Kit for Soil（MP Biomedicals，Solon，OH，USA），具体步骤按照试剂盒说明书进行，稍有改动，见表 7-1。

表 7-1 宏基因组 DNA 提取步骤

序号	步骤
1	称取 0.4～0.5g 样品加入 Lysing Matrix E Tube 中
2	使用移液枪在 Lysing Matrix E Tube 中加入 978μL SPB 和 122μL MT buffer
3	确保 Lysing Matrix E Tube 的盖子旋紧，将其放置于涡旋混合仪上，对管内物质进行振荡破碎均匀化，时间设定为 40～50s
4	8000r/min，离心 15min（去除体积较大或具有复杂细胞壁结构的样品）
5	用大口枪头将上清液转入灭菌的 1.5mL 微离心管中，加入 250μL PPS，手持离心管，缓慢晃动 10 次，将其混匀
6	8000r/min，离心 15min，用大口枪头将上清液转入灭菌的 5mL 离心管中
7	吸取摇匀后的 Binding Matrix 1.0mL 到上一步的 5mL 离心管中
8	上下颠倒离心管 2min，静置 5min，使 DNA 附着于 Binding Matrix 上，并等待 SiO_2 充分沉淀
9	小心移除 600μL 上清液（注意：避免吸出沉淀物）
10	吸取 600μL 混匀后的上清液与沉淀物的混合物转入 SPIN Filter（加滤膜的收集管）中，8000r/min，离心 1min
11	倒掉收集管中的液体，重复上一步操作直至 5mL 离心管中液体全部转移到收集管中
12	加入 500μL 制备好的 SEWS-M 溶液，用小枪头小心混匀其与收集管中滤膜上的白色固体，8000r/min，离心 1min。将收集管中的液体弃去
13	重复上一步操作，更好地去除杂离子
14	8000r/min，离心 2min
15	将 SPIN Filter 中带滤膜的管拿出，超净台风干 5min
16	将带滤膜的管放入灭菌的 1.5mL 微离心管中，加入试剂盒自带的 DES 溶液 80μL，用小枪头将其与 Binding Matrix 混匀，65℃水浴 15min。8000r/min，离心 2min
17	将离心管中得到的 DNA 溶液反吸到滤膜上，重复第 16 步；弃去滤膜，将提取的 DNA 存于－20℃冰箱中

其中，土壤样品直接提取，称取 0.5～0.7g；对于植物根系样品，先用液氮进行冷却，充分研磨破碎后采用试剂盒进行提取，称取 0.8g（由于含水量较大，经过多次尝试，称取样品多一些提取效果更好），详见图 7-1。

基因组 DNA 提取效果用 0.8%的琼脂糖凝胶电泳（100V，45min）检测，凝胶成像仪（GBOX/HR-E-M，UK）扫描拍照，浓度用 NanoPhotometer P-Class P330C 超微量紫外分光光度计（IMPLEN，Germany）测定。将提取好的 DNA 溶液保存于－20℃冰箱中用于后续分子实验分析。

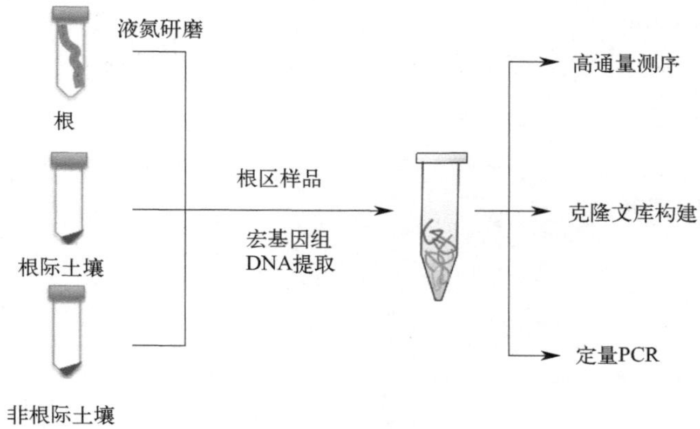

图 7-1 宏基因组 DNA 的主要用途

7.2.2 高通量测序技术

（1）16S rRNA、18S rRNA 基因和功能基因高通量测序

提取植物根圈和沉积物样品的宏基因组 DNA，干冰寄送测序公司。公司重新检测 DNA 质量后进行后续试验。全部样本按照正式试验条件进行，每个样本设置 3 个重复。生物信息学分析的基本流程见图 7-2。

原始测序序列使用 FLASH 软件进行拼接，QIIME 软件质控：下机数据中拆分测序数据→截去 Barcode 和引物序列→Reads 进行拼接（FLASH 软件）→Raw Tags→过滤处理→去除嵌合体序列（UCHIME Algorithm）→得到有效序列（effective tags）。

① OTU 聚类和物种注释。根据 97%的相似度，利用 UPARSE 软件对有效序列进行可操作分类单元（operational taxonomic units，OTU）聚类；用 Mothur 软件与 SILVA 数据库（全称为 Silva Small Subunit rRNA Database，Silva 小亚基 rRNA 数据库）中的 SSUrRNA 数据库进行物种信息注释（比对阈值=80%）。基于 MUSCLE 软件中多序列比对，分析每个 OTU 代表序列的系统发育信息。

② 样品多样性分析（α 多样性）。通过每个样品的多样性分析（α 多样性）可以反映细菌群落的丰度和多样性。基于 QIIME 软件计算 Chao1、Ace 等丰富度指数，Shannon、Simpson 等多样性指数，Coverage 等测序深度指数，以及 PD _ whole _ tree 系统发育多样性指数。利用 R 语言绘制稀释曲线和 Venn 图。

③ 多样品比较分析（β 多样性分析）。β 多样性分析反映不同样本间群落组成和相似性及差异性。主要包含 Unifrac 距离、UPGMA 层级聚类树、Heatmap，PCA、PCoA 和 NMDS 图，以及 Anosim、Adonis 等检验。16S rRNA 基因的 V4～V6 区 PCR 扩增及产物纯化与高通量测序和数据分析信息见表 7-2。

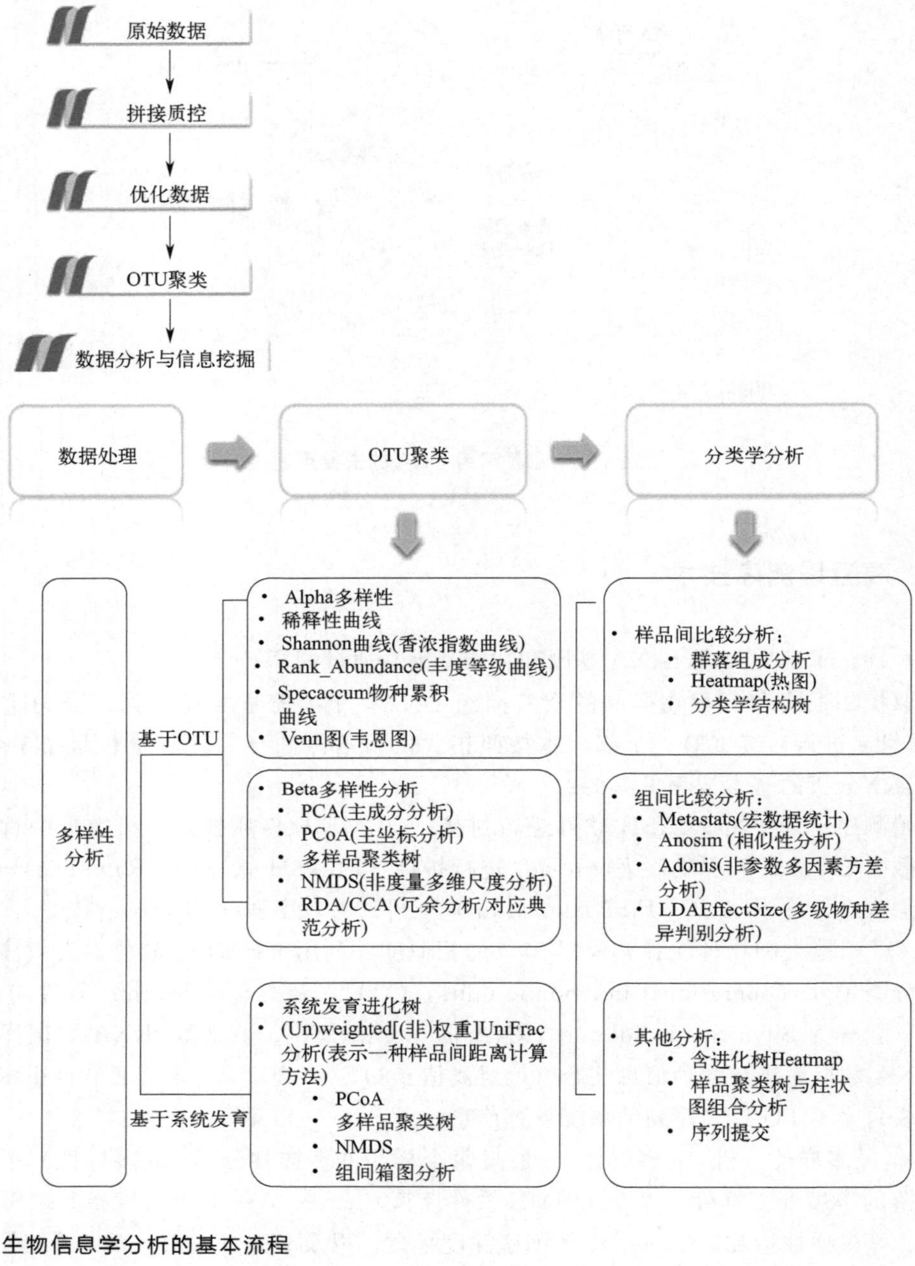

图 7-2 生物信息学分析的基本流程

表 7-2 16S rRNA 基因的 V4～V6 区 PCR 扩增及产物纯化与高通量测序和数据分析信息

项目	16S rRNA 基因的 V4～V6 区	功能基因测序
引物	515F(5′-GTGCCAGCMGCCGCGG-3′) 907R(5′-CCGTCAATTCMTTTRAGTTT-3′)	
公司	诺禾致源(Novogene)	上海某生物公司(Majorbio)
平台	Illumina HiSeq 2500 PE250	Illumina Miseq 2500 PE300×2

续表

项目	16S rRNA 基因的 V4～V6 区	功能基因测序
纯化	AxyPrepDNA Gel Extraction kit (Axygen Biosciences, CA, USA)	AxyPrepDNA Gel Extraction kit (Axygen Biosciences, CA, USA)
原始数据质控	QIIME, FLASH	Trimmomatic, FLASH
OTU 聚类	UPARSE(7.1 版，http://drive5.com/uparse/)	
OTU 划分阈值	0.97	
多序列快速比对	MUSCLE(3.8.31 版，http://www.drive5.com/muscle/)	
数据库比对	Silva(SSUrRNA)	
多样性指数计算、Unifrac 距离、UPGMA 层级聚类树	QIIME 软件(Version1.7.0)	
稀疏曲线绘制、Venn 分析、heatmap、PCoA 分析、Anosim 分析	R 软件(Version2.15.3)的 WGCNA, stats, ggplot2, vegan 软件包及 anosim 函数	

(2) 高通量测序原始数据提交数据库

NCBI（National Center for Biotechnology Information）成立于 1988 年 11 月 4 日，旗下囊括众多数据库，包括专门用于存储高通量测序原始数据的 SRA（Sequence Read Archive）数据库以及存储 DNA 数据的 GenBank 和 EST 数据库等。利用高通量测序技术研究微生态，在文章发表过程中，为便于进行学术监督与交流，许多期刊要求提供原始序列登录号（accession number）。测序平台不同，所产出的原始数据格式亦不同，此次以 Illumina 测序平台产出的 fq 格式的原始数据为例进行演示。

7.2.3 克隆文库构建方法

基于功能基因的克隆文库技术测序片段长，准确性高，应用较为广泛，但是通量有限，反映功能菌多样性方面可能有一定的局限性；基于功能基因的高通量测序技术通量大，多样性信息较全面，但测序片段短，准确度有所降低，且其可靠性还受到数据分析等因素影响。所以，通常的研究中将克隆文库和高通量测序技术结合，两者相互补充印证，对所关注生境中的微生物多样性进行分析。

(1) 目的基因扩增与纯化

以下内容以植物根圈和沉积物样品的甲烷氧化菌群的功能基因 *pmoA* 为例：首先进行聚合物链式反应（PCR）扩增，引物分别为 A189F/mb661R。常用的 PCR 反应体系见表 7-3。PCR 反应同时做阴性对照，用灭菌的超纯水作为 DNA 模板。为便于后续足够量的 PCR 产物用于纯化，每个样品同时扩增 3 个 PCR，保证 PCR 产物在 100μL 左右。吸取 4μL PCR 扩增产物，用 1.0％的琼脂糖凝胶电泳验证（100V，15min），用凝胶成像仪（GBOX/HR-E-M，Syngene，UK）扫描拍照。用 Gelstain 凝胶染料染色，制胶时加入，实验室常用琼脂糖凝胶配制方法见表 7-4。如果电泳结果有特异性目的条带，后续 PCR 产物直接纯化；如果电泳结果有杂带，后续采用胶回收纯化。

表 7-3 常用的 PCR 反应体系

体系组分(初始浓度)	体积 1/μL	体积 2/μL
10×Ex Taq Buffer (添加 20mmol/L Mg^{2+})	5.0	2.5
dNTP Mixture(各 2.5mmol/L)	4.0	2
上游引物(10μmol/L)	1.0	0.5～0.8
下游引物(10μmol/L)	1.0	0.5～0.8
BSA(20mg/mL)(减少腐殖酸的抑制)	1.0	0.5
TaKaRa Ex Taq(5U/μL)	0.4	0.2
模板 DNA(10～20ng/μL)	1.0	1.0
dd H_2O 补充至总体积	50.0	25.0

表 7-4 实验室常用琼脂糖凝胶配制方法

琼脂糖凝胶组分	0.8%胶	1.0%胶
琼脂糖(Biowest,Chai Wan,HK)	0.8g	1.0g
5×TBE	10mL	10mL
纯水	90mL	90mL

注：将上述三者加入三角瓶，在微波炉中加热溶解后，温度降至 50℃左右加入 10μL 的核酸染料（Gelstain），轻轻摇匀，避免产生气泡，然后倒胶。

用胶回收和 PCR 产物纯化试剂盒（Wizard SV Gel and PCR Clean-Up System）进行割胶纯化回收。详细步骤如下。

① 胶块的溶解。将每一个样品的所有 PCR 产物充分混匀后，全部吸取到大孔的 1.0%的琼脂糖凝胶中电泳。电泳结束后，在紫外切胶仪中用无菌刀片迅速切下含有目的片段的胶块（注意胶块不能超过 300mg），放入 1.5mL 的无菌离心管中；每 10mg 胶加入 10μL 的膜结合液。振荡混匀，在 65℃水浴 10min，可以适当延长时间，直至胶完全溶解。

② 结合 DNA。收集管中插入微量纯化柱；将上述溶解混合液吸入微量纯化柱内，室温孵育 1min 后 14000r/min（16000g）离心 1min，倒掉滤液。

③ 洗涤。吸取 700μL 加入 95%乙醇的膜清洗液进行第 1 次清洗，14000r/min（16000g）离心 1min，倒掉滤液；再吸取 500μL 膜清洗液进行第 2 次清洗，同上离心 5min，倒掉滤液，再次离心 1min 去除乙醇。

④ 洗脱。将微量纯化柱小心转移到无菌 1.5mL 离心管中（可以将微量纯化柱在室温放置 5～10min，以更好地去除乙醇），加入 50μL RNA-自由水，室温放置 1min 后 14000r/min 离心 1min（可以将洗脱液再次吸到微量纯化柱中，洗脱 2 次），得到 PCR 胶回收产物。

⑤ 电泳验证和回收浓度测定。吸取回收的 PCR 产物 4μL 用 1%的琼脂糖凝胶电泳检测，并用 NanoPhotometer P-Class P330C 超微量紫外分光光度计测定浓度，−20℃条件下保存。

（2）克隆-筛选

将纯化好的 *pmoA*-PCR 产物三个平行之间的等物质的量混合为一个混合 PCR 产物，进行克隆文库构建，主要包括 PCR 产物克隆-转化-筛选-鉴定。克隆用的载体为 pGEM-T easy vector，感受态细胞为 Trans1-T1 Phage Resistant Chemically Competent Cell，具体步骤如下。

① 在提前制备好的固体 LB 培养皿（加氨苄青霉素，Amp）上，加 8μL 500mmol/L IPTG 和 40μL 20mg/mL X-gal，均匀地涂开，恒温培养箱 37℃放置 30min。

② 克隆的连接反应液总量为 10μL，详见表 7-3，轻轻混匀，在室温 20℃（也可放在冰上）放置 1h。

③ 超低温冰箱－80℃中取出感受态细胞，立即置于冰上融化。

④ 吸取 50μL 刚刚解冻的感受态细胞，加入连接反应液中，小心轻柔混匀，冰上放置 20min。42℃水浴中热激 30s 后快速置于冰上 2min。在超净台内向反应液中加入 250μL 不含氨苄青霉素的 LB 液体培养基，混匀，37℃下 200r/min 振荡培养 1h，使细胞复苏，达到正常生长状态。

⑤ 取 100μL 转化菌液涂布于①中准备好的筛选平皿上，待菌液完全被培养基吸收后，在 37℃恒温培养箱中倒置培养 12～14h。

⑥ 将上述长好菌落的平皿放入 4℃冰箱 1～2h，使蓝斑充分显现。

⑦ 观察平皿上的克隆子，用灭菌牙签挑取白色克隆子，放入装有 10～15μL 灭菌水的 PCR 管中。

⑧ 菌落 PCR 鉴定阳性克隆子：克隆连接反应体系见表 7-5，模板采用阳性克隆菌落水溶液代替。初步鉴定为阳性克隆子的剩余菌落水溶液接种于新鲜的 LB（含 Amp）液体培养基中，37℃下 200r/min 过夜培养，以达到对数生长期。

⑨上述得到的菌液送上海某生物测序公司进行 Sanger 法测序，引物 $M13^{+}/M13^{-}$，测通。

表 7-5 克隆连接反应体系

体系组分	样品 1/μL	样品 2/μL	阴性对照/μL
2×Rapid ligation Buffer(用前充分混匀)	5	5	5
PGEM-T Easy vector(50ng/μL)	1	1	1
DNA(PCR products)	1(约 50ng/μL)	2(约 25ng/μL)	—
Control insert DNA	—	—	2
T4 DNA ligase(3 Weiss unit/μL)	1	1	1
dd H_2O	2	1	1

（3）测序数据分析

测序获得各基因的序列通过 CLC Sequence Viewer 6 去除载体，将目的序列保存为 *.fasta 文件。用 Cluster X 或者 Mega 5 软件对齐序列，删除低质量的目的基因序列，获得有效序列（注意：先提交有效序列，再进行后续的分析）。然后采用 Mothur 和 DNA-dist 软件对有效序列进行 OTU 的划分，计算香农威纳（Shannon）指数、辛普森（Simpson）指数、ChaoⅠ、覆盖度（Coverage）等多样性指数以及进行稀疏曲线的绘制等。

提交过程中，有一些序列可能由于存在终止密码子或者移码突变等原因，没有办法提交，可以借助 NCBI 中 ORFs 小程序来识别并矫正，最终获得克隆子序列的登录号（accession number）。

（4）系统发育树分析

将抽取的每个 OTU 代表序列在 NCBI 中进行 BLAST（用 blastx 数据库）比对。将 OTU 代表序列转换为氨基酸序列（Mega 5.0）和下载的对应功能基因的可参考的蛋白序列（reference proteins，ref _ seq protein）或最相似的不可培养的蛋白序列（non-redundant protein seqences，nr）导入 Mega 5.0 软件中构建系统发育树。首先进行序列的多重对齐，选用 Neighbor-Joining 法，步长分析 Bootstrap 值为 1000，选择 Kimura 2 参数模型，然后形成关于各功能基因 OTUs 的系统发育进化树。

7.2.4 变性梯度凝胶电泳技术

变性梯度凝胶电泳（denaturing gradient gel electrophoresis，DGGE）技术与高通量测序技术相比，通量较低，相对丰度低于 1%的微生物类群也检测不到，但是它与克隆文库技术类似，准确性要高一些。能够准确地鉴定在自然生境或人工生境中微生物种群，并进行复杂微生物群落结构演替规律，以及微生物种群动态、基因定位、表达调控的评价分析。尤其在从环境样品中分离微生物的过程，可以借助 DGGE 技术来解析分离体系中微生物种群的动态变化过程。

（1）DGGE 原理

DGGE 技术是一种根据 DNA 片段的溶解性质而使之分离的凝胶系统。核酸的双螺旋结构在一定条件下可以解链，称为变性。核酸 50%发生变性时的温度称为溶解温度（T_m），T_m 值主要取决于 DNA 分子中 GC 含量的多少。DGGE 技术将凝胶设置在双重变性条件下：温度 50～60℃，变性剂 0～100%。当一个双链 DNA 片段通过一个变性剂浓度呈梯度增加的凝胶时，此片段迁移至某一点时变性剂浓度恰好相当于此段 DNA 的低熔点区的 T_m 值，此区便开始溶解，而高溶点区仍为双链。这种局部解链的 DNA 分子迁移率发生改变，达到分离的效果。T_m 的改变依赖 DNA 序列，即使一个碱基的替代就可引起 T_m 值的升高和降低。因此，DGGE 技术可以检测 DNA 分子中任何一种单碱基的替代、移码突变以及少于 10 个碱基的缺失突变。为了提高 DGGE 技术的突变检出率，可以人为地加入一个高熔点区——GC 夹（GC clamp）。GC 夹就是在一个侧引物的 5′端加上一个 30～40bp 的 GC 结构，这样在 PCR 产物的一侧可产生一个高熔点区，使相应的感兴趣的序列处于低熔点区而便于分析。

通过各种染色的方法在凝胶成像系统中观察 DGGE 胶中的 DNA 条带。最常用的染色方法有溴化乙啶（EB）法、SBR Green I 法、SBR Gold 法和银染色法。其中 EB 法染色是灵敏度最低的，SBR Green I 法、SBR Gold 法相比 EB 法，能更好地消除染色背景，因此它们的检测灵敏度比 EB 法高很多。但是 EB 法和两种 SBR 法染色时，双链 DNA 能很好地显色，单链 DNA 基本上不能显色。银染色法的灵敏度最高，而且单、双链 DNA 都能染色，但是它的缺点是染色的胶不能用于随后的杂交分析。

（2）DGGE 技术在微生物生态学中的应用

① 分析微生物群落结构，扩增功能基因来研究功能基因及功能菌群的多样性。

② 快速同时对比分析大量的样品中不同微生物群落之间的差异，同一微生物随时间或外部环境压力的变化过程。

(3) DGGE 技术的操作步骤

① 配制试剂（表 7-6～表 7-13）。

表 7-6　40%丙烯酰胺/亚甲基双丙烯酰胺（37.5：1）

试剂	剂量
丙烯酰胺	38.93g
亚甲基双丙烯酰胺	1.07g
补加超纯水至	100mL
4℃保存，≤1 个月	

注：这两种试剂有神经毒性，粉末易飘散，注意不要吸入口鼻或沾染皮肤。

表 7-7　50×TAE buffer

试剂	剂量
Tris 碱	121g
冰醋酸	28.55mL
0.5mol/L EDTA，pH=8.0	50mL
补加超纯水至	500mL
室温保存，6 个月	

表 7-8　不含变性剂的胶母液

试剂	胶浓度			
	6%	8%	10%	12%
40%丙烯酰胺/亚甲基双丙烯酰胺	15mL	20mL	25mL	30mL
50×TAE buffer	2mL	2mL	2mL	2mL
超纯水	83mL	78mL	73mL	68mL
总体积至	100mL	100mL	100mL	100mL
4℃保存在棕色瓶内，≤1 个月				

表 7-9　100%变性剂的胶母液

试剂	胶浓度			
	6%	8%	10%	12%
40%丙烯酰胺/亚甲基双丙烯酰胺	15mL	20mL	25mL	30mL
50×TAE buffer	2mL	2mL	2mL	2mL
甲酰胺（去离子）	40mL	40mL	40mL	40mL
尿素	42g	42g	42g	42g
补加超纯水至	100mL	100mL	100mL	100mL

注：1. 4℃保存在棕色瓶内，≤1 个月。

2. 100%变性剂的胶母液在低温下容易结晶，使前可用水浴加热溶解。

表 7-10　其他浓度的变性剂胶母液配方

试剂	变性剂浓度								
	10%	20%	30%	40%	50%	60%	70%	80%	90%
甲酰胺（去离子）	4mL	8mL	12mL	16mL	20mL	24mL	28mL	32mL	36mL
尿素	4.2g	8.4g	12.6g	16.8g	21g	25.2g	29.4g	33.6g	37.8g

注：表 7-10 中各种浓度的变性剂配比中，均需要额外添加 50×TAE buffer（2mL）和超纯水至 100mL，这与表 7-9 中 100%的变性剂加入量一样。

表 7-11 10%过硫酸铵（APS）

试剂	剂量
过硫酸铵	0.1g
超纯水	1.0mL

注：−20℃保存一周，最好现配现用。它是促凝剂。

表 7-12 1×TAE 电泳缓冲液

试剂	剂量
50×TAE buffer	140mL
超纯水	6860mL
总体积至	7000mL

注：室温保存，6 个月。

表 7-13 2×上样缓冲液

试剂	剂量
2%溴酚蓝	0.25mL
2%二甲苯青	0.25mL
100%甘油	7.0mL
超纯水	2.5mL
总体积	10.0mL

注：1. 室温保存，6 个月。

2. 2%二甲苯青：0.1g 溶于水中，定容至 5mL。

3. 2%溴酚蓝：0.1g，先溶于 75μL 左右的无水乙醇，再溶于水定容至 5mL。

② 带 GC 夹的 PCR。为了使 DGGE 技术进行更好的分析，目的基因的大小不应超过 500 bp。DGGE-PCR 与普通 PCR 反应体系和程序都一样。

除了所用引物，一般是上游引物的 5′带有 30～50 个碱基的 GC 夹。例如：氨氧化功能基因 *amoA* 基因的引物如下。

上游引物：*amoA*-1F-GC

（GGG GTT TCT ACT GGT GGT-cgcccgccgcgccccgcgcccggcccgccgcccccgcccc）

下游引物：*amoA*-2R

（CCC CTC KGS AAA GCC TTC TTC）

③ 电泳准备

a. 先将两块 DGGE 原配玻璃板（一大一小）洗干净并晾干，必要时以 95%乙醇擦洗玻璃板以彻底去除油脂。

b. 打开电泳仪控制装置，预热电泳缓冲液至 58℃（注意：电泳液体积是 6.5L 的 1×TAE 缓冲液，建议两次电泳后更新缓冲液）。

c. 取出制胶架，放在比较平整的桌面，然后调节水平仪，让其水平。

d. 两片玻璃板（一大一小），垫上两片同样型号的垫片，然后在两边装上塑料玻璃板夹（注意：适当夹紧，注意松紧度很关键）。

e. 检查“三明治”结构，确定玻璃板底部垫片能触到底，与玻璃板切面平齐，确定白色划片竖直，与夹子保持平行，最后双手同步旋紧旋钮（注意：必须平齐，否则会漏胶）。

f. 将海绵垫固定在制胶架上，把“三明治”垂直放在海绵上方，用两侧偏心旋钮固定好制胶架系统（注意：一定是短玻璃的一面朝向自己）。

④ 灌胶

a. 配制变性剂。用两个洗净的50mL离心管装各种比例混合的变性剂，每块胶总体积25mL，高低浓度各一半。适当振荡混匀，加入30μL APS（促凝剂）和15μL TEMED（交联剂），混匀，等待凝固（注意：在冬天，APS和TEMED体积翻倍，凝固时间2.5h以上）。

b. 检查半自动灌胶装置（注意：连通器必须关闭，才能倒入变性剂），将两管变性剂，各抽入到高低两个针筒中，按照位置放好两个针筒，转动大板，灌胶的针头夹在长玻璃板的上端中央位置，对准两块玻璃板的中央位置，胶就会自动渗入两块玻璃板之间，注意匀速。

c. 轻轻摇动胶板，小心保持液面平整，晾干使胶凝固。

d. 配置上层胶液（共5mL)：3.9mL去离子水、1mL 40%丙烯酰胺、100μL TAE缓冲液、40μL APS、8μL TEMED混匀，用针管吸收转移至以凝固的胶板上，至与短玻璃板平齐，插入梳子。

e. 等待至上层胶凝固，小心拔出梳子，确保每个上样孔都是竖直平行的，如果有余胶或者上样孔扭曲，可用一次性针头矫正（注意：不竖直平行的上样孔会影响条带宽度和走向）。

⑤ 胶板装配槽架

a. 在灌胶之前开启DGGE仪，打开电源与加热源，将电泳缓冲液预加热至58℃。

b. 把制好的DGGE胶板（带夹子）推入电泳槽架中。保证短玻璃板与电泳夹子上的白色垫片压紧，以防电泳液从缝隙中漏出（注意：如果发现漏水，可以在缝隙中涂上凡士林）。

c. 每次可同时电泳两块胶，如果只有一块胶，另一块的中间不要垫垫片，两块玻璃板直接合并后放入槽架，两块胶之间一定要形成回路。

d. 把电泳架放入电泳槽中，随后盖上电泳槽顶盖，开启加热器和水泵，保证电泳液被泵到长玻璃上端，没过电泳夹子上的电极丝（注意：也可以在放入电泳架时，接出一部分缓冲液，在放入电泳架后，直接加到长玻璃的上端）。

⑥ 点样

a. 事先检测DNA的浓度，确定上样的体积（注意：点样量保持一致，通常DNA总量为200ng）。

b. 上样液一般为10μL总体积，上样缓冲液∶样品DNA ＝ 1∶1；一般DGGE上样缓冲液（2×上样缓冲液）为5 μL，样品DNA不足的体积用灭菌纯水补足。三者混匀后上样（注意：枪头伸入短玻璃处，慢慢松开枪柄，上样液缓缓流入对应的样孔内。一般一块胶两边的各两个孔不上样，可以上DGGE上样缓冲液。如果有DNA分子标准品，中间的上样孔加入DNA分子标准品，这样DNA分子标准品在凝胶中电泳的路径比较笔直，分离效果好，适用于对比样品条带，最外侧的泳道也可以加入DNA分子标准品，共加入3个DNA分子标准品，利于胶数读取的准确性）。

⑦ 电泳

a. 插上电极，检查线路，打开电泳控制器。先把电压调到 200V，再调时间到 240min，打开开始按钮（电压和时间根据目的基因而具体调整，例如 16S rRNA 的 V3 区程序为 200V，60℃，4h；16SrRNA 的 V6～V8 区程序为 50V，58℃，18h；反硝化基因 *nosZ* 程序为 100V，60℃，20h）。

b. 时间到后，先关闭电泳仪。然后关闭电泳槽顶盖的开关，过 15min 后再取出电泳夹子。防止电泳加热器干烧。

⑧ 剥胶与染色、拍照（戴好手套和口罩，避免染色液直接接触）

a. 小心取下“三明治”玻璃板夹子，迅速把两块玻璃板放入盛有 1×TAE 缓冲液的盒子（铁盘）中，短玻璃板朝上放置。在玻璃板温度降下来后，搬动垫片，把短玻璃板撬起来；小心晃动，使胶从长玻璃板上脱落下来（注意：小心处理，胶薄且易破）。

b. 用蓝色塑料薄板小心托起胶片。放入 EB 染色盒中（避光），染色 15min。也可以用 SBR 金色染料染色，操作如下：按 1∶10000 稀释 SBR Gold 3μL 到 30mL 1×TAE 缓冲液（也可 25mL）中，混匀后用 1mL 的移液枪均匀喷洒胶的表面。确保所有表面都覆盖到。每次用量 10mL，间隔 15min，共三次，将染色液均匀在胶表面（注意：避光用。用纸遮盖一下盘子）。

c. EB 染色完成后，再用蓝色塑料薄板小心托起胶片。放入 1×TAE 缓冲液中脱色 5min。如果用 SBR Gold 染色完成后，在染色盘中倒入清水，使胶再次悬浮起来。清洗完毕后，再次用蓝色塑料薄板小心托起胶片。打开仓门，将胶片转移到照胶仪的载胶板上，将胶片摆正，然后关紧仓门，拍照记录（注意：为了得到更好地照胶结果，可以事先把照胶平台用酒精清洗，再洒纯水，保持一定的湿度；图片保存为 tif 格式）。

⑨ 优势条带切取

a. 凝胶成像分析系统拍照后，在紫外灯照射下切取 DGGE 图谱的优势条带于 1.5mL 离心管中，加 30μL 的无菌去离子水，4℃浸泡过夜使胶中 DNA 溶解，之后取 1μL 溶解 DNA 作为模板进行一次无 GC 夹的 PCR 扩增（注意：引物为目的基因无 GC 夹的引物），反应体系和条件同带 GC 夹的 PCR。

b. DGGE 再次检查回收条带的纯度和分离情况。

⑩ 克隆测序

a. 对 DGGE 胶片上切割的条带，采用胶回收 DNA，用 Wizard SV Gel and PCR Clean-Up System（Promega，Madison，USA）割胶回收，详细步骤见 2.1.4.4 小节。

b. 回收条带的 DNA 样品进行克隆测序分析。克隆用的载体为 pGEM-T easy vector（Promega，Madison，USA），感受态细胞为 Trans1-T1 Phage Resistant Chemically Competent Cell（Transgen，Beinjing，China），详细步骤见 2.1.4.4 小节。阳性克隆子的过夜菌液送上海某生物公司进行 Sanger 法测序。通过测序获得的 DGGE 条带所代表的基因序列，用 CLC Sequence Viewer 软件进行序列分析，去除载体序列，将所得正确长度的序列通过 Blast 工具与 NCBI 基因库中的序列进行比对，获取与优势条带亲缘关系最近的序列，然后构建系统发育树。

⑪ DGGE 图谱多样性和典型对应分析

a. DGGE 图谱采用 Quantity One 软件（Bio-Rad Laboratories）分析，根据条带的强度

和位置，将不同泳道通过 UPGMA 算法进行聚类，计算各个样品的多样性指数，包括香农-威纳指数（Shannon-Wiener，H）、均匀度（evenness，E）、丰富度（richness，S）、Simpson 指数（D_S），计算公式如下。

$$H=-\sum(P_i)(\log_2 P_i)=-\sum\left(\frac{N_i}{N}\right)\log_2\frac{N_i}{N}$$

$$E=\frac{H}{H_{max}}$$

$$H_{max}=\log_2 S$$

$$D_S=1-\sum P_{i^2}$$

式中，P_i 为样品中单一条带的强度在该样品所有条带总强度中所占的比率；N_i 为单一条带的峰面积；N 为所有峰的总面积；N_i 为第 i 条带的峰面积；S 为某个样品中所有条带数目总和；H 为 Shannon-Wiener 指数；S 为丰富度，即每一个泳道的条带数目。

b. 将 Quantity one 软件导出的各个泳道的所有条带的数字化结果用 CANOCO for Windows 4.5 软件进行典型对应分析（canonical correspondence analysis，CCA）或者功能冗余分析（redundancy analysis，RDA）。

（4）DGGE 经验总结

夹板：玻璃板干净，表面无水、无凝胶块。

漏胶现象：①两块玻璃板夹不紧；②玻璃板-夹条-玻璃板，低端不平整，即夹条靠上；③玻璃板与夹子之间有空隙。

灌胶：①梯度高低正确；②注射器内无气泡，注射器夹在推进器之前将气泡弹出；③推进器位置正确；④灌胶连续，不要间断，速度适当勿太快太慢。

点样：①上样总量是一致；②点样针抓住玻璃板注射器，以免针在点样孔中摆动，搅乱点样液；③点样针在点样孔底部，推进时样品是上涌而不是下落；④点样时勿多，以免样品溢出造成交叉污染。

跑胶：①架子放入，左黑右红原则；②搅拌棒不要太靠近玻璃板；③打开电源后，稍等一会，等仪器稳定后再操作；④设定温度，再开加热电源，再开水泵，等抽水一定时间后（液面接近黑色顶部）开电压，按 run 键；⑤一定要等到 60℃再开始电泳。

仪器出现下列错误时的解决策略。

E1 对策：①加减缓冲；②确保接触良好（尤其是盖子）；③确保架子上的液面盖过内槽。

E9 对策：电泳液混匀。

E10 对策：电压正确。

浆胶：①20～30min 即可，不可太短；②事先将托盘洗净，以免挂胶，导致摇胶不匀，胶断裂。

切胶：①利用画图工具，从上而下，依次切回；②每切一条带，需用酒精棉擦拭净切胶刀。

7.2.5 定量 PCR 技术

（1）含目的基因的重组质粒的制备

实时荧光定量 PCR 包括相对定量和绝对定量。一般环境样品的基因丰度测定，通常采用绝对定量。绝对定量是用已知高浓度的标准品，通常需要制备含有目的基因的重组质粒。目的基因的克隆转化及阳性克隆子的鉴定方法如前文所述。克隆用的载体为 pGEM-T easy vector（Promega，Madison，USA），长度为 3016bp。重组质粒用试剂盒 TIANprep Mini Plasmid Kit（Tiangen Biotech，Beijing，China）提取，并对产物进行电泳验证和浓度测定，存于－20℃备用。

（2）标准曲线构建

绝对定量 PCR 的标准曲线制作分别用对应功能基因克隆后的重组质粒 10 倍梯度稀释后作为模板进行实验。重组质粒梯度稀释用 EASY Dilution（Takara Biotech，Dalian，China）。

计算标准品目的基因初始拷贝数公式如下。

$$\text{copies}/\mu\text{L}=(6.02\times10^{23}\ \text{拷贝数/mol})\times(\text{浓度 ng}/\mu\text{L}\times10^{-9})/(\text{MW g/mol})$$

式中，平均分子量(MW g/mol)＝(dsDNA length 碱基数)×(660 道尔顿/碱基)。

注意：dsDNA length 指目的基因片段长度与载体长度之和。

① 反应条件的优化。本研究采用 SYBR@Green Ⅰ检测法，以扩增效率 E（0.8～1.2）、R^2（0.990～1.000）和溶解曲线分析中不产生非特异性峰值（60℃处无峰值）为标准，在同一重组质粒 10 倍梯度稀释下作为模板，对退火温度在适当范围内进行优化，并确定反应程序。

② 标准曲线制作。选用目的基因拷贝数量级为 10^3～10^8 的质粒作为模板制作标准曲线，并以 RNA-free H_2O 作为模板设置空白组。同一模板都设置 3 个技术重复。定量 PCR 所用仪器为 CFX Connect Optical Real-Time Detection System（Bio-Rad Laboratories，Hercules，USA）。反应体系为 20μL，包括 2×SYBR Premix Ex Taq（Takara Biotech，Dalian，China）10μL，上下游引物（10μmol/L）各 1μL，基因组 DNA 1μL（1～10ng/μL），BSA（20mg/mL）0.2μL，其余的用 RNA-free H_2O 补足。

（3）不同样品中各功能基因拷贝数

通过运行定量 PCR 程序 Bio-Rad CFX Manager 3.0 软件绘制标准曲线和溶解曲线。标准曲线以标准品（梯度稀释的重组质粒）的拷贝数的对数值为横坐标，以测得的荧光阈值 C_q 为纵坐标。根据各样品的 C_q 值，即 Bio-Rad CFX Manager 3.0 软件可自动在标准曲线中计算得到各样品的拷贝数，并以 Excel 的格式将数据导出，单位为 copies/μL。需要进一步计算为 copies/(g·样品干重)。

$$\text{拷贝数 copies/(g·样品干重)}=(\text{拷贝数 copies}/\mu\text{L})\times80\mu\text{L}/\text{样品质量 g}\times(1-\text{样品的含水率})$$

式中，拷贝数 copies/μL 由 Bio-Rad CFX Manager3.0 软件导出；80μL 表示用 Fast DNA SPIN Kit for Soil 提取宏基因组 DNA 的洗脱液 DES 的体积；样品质量表示提取 DNA 时称取的样品的实际质量，一般为 0.5～0.8g。

此外，进行定量 PCR 实验操作时需要注意以下几点。

① 将上述选取的制作标准曲线的梯度稀释的质粒和待测样品同一批配制定量 PCR 体系进行实验。

② 配制 PCR 大体系，快速分装，尽量避免 2×SYBR Premix Ex Taq 的反复冻融。

③ 操作过程中将 8 连管放置在提前预冷的 96 孔的铅块中以保证低温；关灯，尽量避

免强光照射以保证荧光的有效性。

④ 每个模板对应的三个平行在同一个 8 连管内。

7.3 重金属耐性细菌、真菌、酵母菌分离鉴定

7.3.1 菌株分离

细菌的分离采用营养琼脂培养基（NB）。真菌分离采用的马丁氏琼脂培养基（MD）：葡萄糖 10.0g，蛋白胨 5.0g，KH_2PO_4 1.0g，$MgSO_4 \cdot 7H_2O$ 0.5g，1/3000 孟加拉红（Rose Bengal，玫瑰红水溶液）1000mL，琼脂 20.0g，纯水 1000mL。酵母菌采用 YPD 培养基：酵母提取物 10g，蛋白胨 20g，葡萄糖 20g，琼脂 20g，纯水 1000mL。

培养基在 121℃下灭菌 20min 后，注意 YPD 培养基因含糖量较高，应在 115℃下灭菌 15min。加入 0.22μm 过滤除菌的 $Pb(NO_3)_2$、$CdCl_2 \cdot 2/3H_2O$、$ZnSO_4 \cdot 7H_2O$ 等重金属溶液，与培养基混合倒在平板上，用于分离耐 Pb^{2+}、Cd^{2+}、Zn^{2+} 的细菌和真菌。

7.3.2 菌种分子鉴定

生理生化鉴定后，进行分子鉴定。

（1）生理生化鉴定。将细菌接种到 NB 琼脂平板上，倒置恒温培养至长出单个菌落。观察菌落形态特征，并挑取处于对数生长期的单菌落进行革兰染色，将菌落形态特征和革兰氏染色结果结合起来对其进行生理生化鉴定。

革兰染色需要用到革兰染液、草酸铵结晶紫染液、碘液、95%乙醇、番红复染液等。试验步骤为：涂片、初染、媒染、脱色、复染、镜检。

（2）分子生物学鉴定。采用细菌、真菌试剂盒提取菌株总 DNA，然后进行细菌 16SrRNA 基因扩增，采用通用引物对 27f/1492r；真菌的 ITS 基因的 PCR 扩增，采用的引物为 ITS1/ITS4。PCR 产物采用 1%琼脂糖凝胶电泳检测后送至上海生工公司测序。测序结果与 GenBank 上的已知序列进行比对，并利用 MEGA5.2 软件中的邻接法构建系统发育树。

7.3.3 环境因子对菌株生长的影响

为进一步了解所分离出的细菌的菌种的生长特性，探究菌种最适生长条件以及它们对 pH 值、盐度、温度的耐受范围。

探究盐度、pH 值对菌种生长发育的影响，需要配制分别以盐度、pH 值作为唯一变量的 NB 液体培养基，30℃、180r/min 培养 24h，每个盐度梯度或 pH 值梯度设置 3 个平行。再以温度为唯一变量，将菌种分别置于五个不同温度的摇床内 180r/min 培养 24h，每个温度梯度设置 3 个平行。最后将 3 组菌液离心后倒掉上清液，菌体烘干至恒重后称

重，即用干重法测量细菌量，根据所得数据绘制生长曲线。

最后根据上述 3 组试验所测定的菌种最适生长条件，结合 NB 培养基的配方（1L 的 NB 液体培养基需加入蛋白胨 10g，牛肉膏 3g，氯化钠 5g，蒸馏水 1L），确定适宜的培养条件，测定菌种在一定时间范围内的生长情况，并绘制生长曲线。

7.3.4 检测重金属胁迫下菌株的生长情况

例如：将菌种分别接种到 pH＝7 且 Cd^{2+} 浓度分别为 0、50mg/L、100mg/L、200mg/L、300mg/L 的 NB 液体培养基中，置于恒温摇床中，在 30℃、180r/min 的条件下培养 72h，每个浓度设置 3 个平行。观察其生长状况。使用超微量紫外可见分光光度计在波长 600nm 下测定其 OD（optical density）值，以测定的时间为横坐标，OD 值为纵坐标，绘制生长曲线。

7.3.5 最小抑菌浓度的计算

为了更好地评价菌种对 Cd 的耐受性，根据菌种在不同 Cd^{2+} 浓度下的菌体最高生长量的变化曲线计算出一半生长量时相应的 Cd^{2+} 浓度，把这个浓度作为最小抑菌浓度（MIC）。

7.3.6 菌株耐金属性质的检测

（1）菌株耐金属性质的检测

利用 0.22μm 的滤膜除菌，配制成含有一定浓度的重金属离子的固体培养基，将菌接种到固体培养基上观察菌株形态变化。

（2）菌株对金属去除能力的检测

① 在 250mL 锥形瓶中加入 100mL 含有重金属离子的液体培养基。选取代表性菌株加入上述培养基中，在 30℃、160r/min 的条件下进行振荡培养。

② 将培养后的菌液混匀倒入 50mL 离心管中，4000r/min 离心 15min，每种菌液各取上清液 10mL 放入无菌的 15mL 离心管中待测。

③ 向含有菌体沉淀的离心管中加入 5mL EDTA 洗脱液（0.5mol/L，pH＝8），在振荡仪上振荡混匀，充分洗脱，静置 20min，4000r/min 离心 15min，取上清液 5mL 放入无菌的离心管中待测，此步骤重复 3～4 次以确保菌株表面金属彻底洗脱。

④ 4000r/min 离心菌株 15min，去除上清液，温度为 80℃、12h 烘干至恒重，称量烘干后的离心管质量，烘干后的离心管质量与空离心管的差值为菌体干重。

⑤ 将所有的待测液体通过 0.45μm 的滤膜过滤处理后上 ICP-OES 测定。

⑥ 去除率计算公式为 $Q=C/C_0$，式中，Q 为去除率；C_0 为未加菌株配制的金属培养液浓度；C 为加菌株培养后培养液金属的浓度。吸附能力计算公式为

$$F=M/G$$

式中，F 为菌株吸附能力；M 为 EDTA 洗脱下菌株表面的金属质量；G 为菌株的

干重。

7.3.7 耐性机理研究

（1）转录组送测样品的准备

送测菌株样品准备具体操作流程见图 7-3。

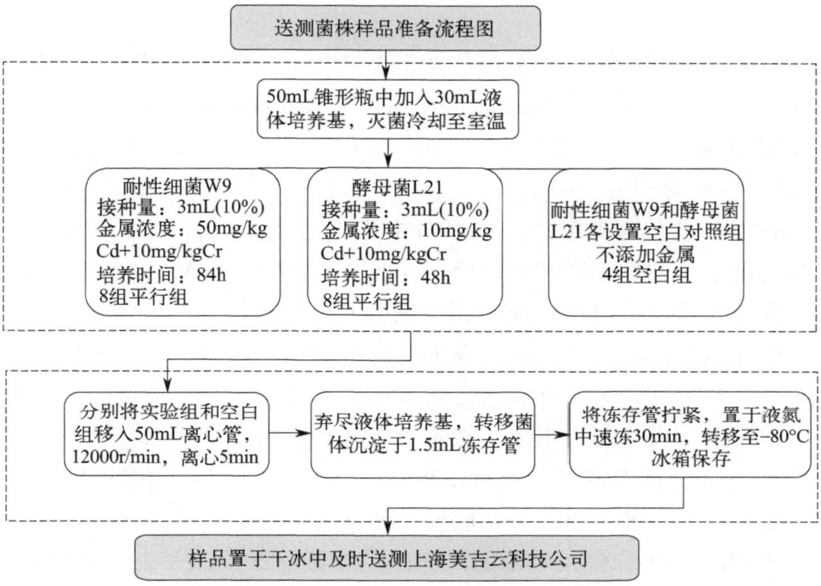

图 7-3　送测菌株样品准备具体操作流程

（2）测序试验流程

测序试验流程详见图 7-4。

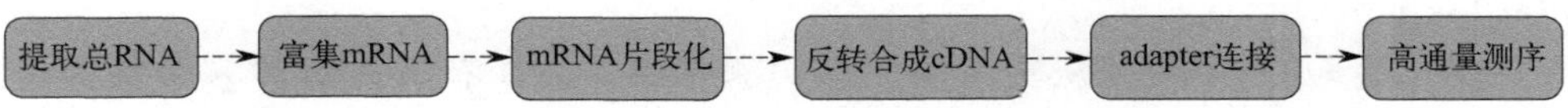

图 7-4　测序试验流程

① 提取总 RNA。从－80℃超低温冰箱中取出样品，提前将液氮倒入研钵中，然后将拿出的样品置于液氮中，进行研磨。使用总 RNA 试剂盒提取样本的总 RNA，提取后的总 RNA 用 Nanodrop 2000 超微量分光光度计测定 RNA 的浓度和纯度，用琼脂糖凝胶电泳检测 RNA 的完整性，用 Agilent5300 测定 RQN 值。上机检测的总 RNA 最少要用 1μg，浓度≥30μg/L，RQN＞6.5，OD_{260} 与 OD_{280} 的比值位于 1.8～2.2。

② 富集 mRNA。本次测序对 mRNA 纯化的方法是使用带有 Oligo dT 的磁性珠作为富集载体与 mRNA 结合形成配对，这样就能把 mRNA 从总 RNA 中富集出来，用于分析

差异基因的表达信息。

③ mRNA 片段化。二代高通量测序平台是针对短序列片段进行测序，富集得到的 mRNA 是完整的 RNA 序列，平均长度达几字节，因此需要对其进行随机打断。加入片段化缓冲液，选择合适条件，可以将 mRNA 随机断裂成 300bp 左右的小片段。

④ 反转合成 cDNA。片段化后的 mRNA 利用反转录试剂盒来合成 cDNA。首先是 cDNA 第一链的合成：利用 mRNA 作为模板，加入反转录酶、原料等物质，合成 cDNA 第一链。其次进行 cDNA 第二链的合成，模板是随机六聚体引物，原料、酶与第一链合成相同。

⑤ adapter 连接。双链的 cDNA 结构为黏性末端，加入 End Repair Mix 将其补成平末端，随后在 3′末端加上一个 A 碱基，方便后面加入 adapter 序列。

⑥ 片段筛选和文库富集。对连接 adapter 后的产物进行纯化和片段分选，用分选产物进行 PCR 扩增，纯化得到最终的文库。

⑦ Illumina Hiseq 上机测序。首先要对文库进行富集，PCR 扩增 15 个循环。胶回收：琼脂糖凝胶电泳后利用胶回收试剂盒，回收基因条带。定量分析：用 TBS380 对目的片段定量，检测结果后，按照比例大小顺序先后上机测序。

（3）测序数据质量控制。运用统计学方法对所有测序读长的每个循环进行碱基分布和质量波动的统计，可以从宏观上直观地反映测序样本的文库构建质量和测序质量，并对每一个样本的碱基质量、碱基错误率以及碱基分布进行分析。

① 碱基质量分布。碱基质量分布（Q-Score）能反映测序时的错误率，进而能确定本次测序的结果是否可靠。碱基质量分布的回馈是所得的分值，得分越高说明本次测序结果越可靠。Q20 和 Q30 的得分，两者都能反映碱基质量分布。Q20 表示每测定 100 个碱基，会有一个出错；Q30 表示每测定 1000 个碱基有 1 个错误，这样就能计算本次测序的错误率。

② 碱基错误率分布。上机测序时，测序长度越长，出错率越高。前面的几个碱基出错率会很高，这可能就是引物的前几个碱基，一般要求错误率小于 0.1%。

③ 碱基含量分布。碱基含量分布能确定碱基的分离现象。本次测序用的随机六聚体引物会有碱基偏好性，每次测序都有结果，得到的 AT 和 GC 含量基本相等，如果差异较大则说明碱基出现分离现象。

（4）RNA-seq 测序数据从头组装。本次测序的样品没有所比对的参考基因组。国际上针对无参考基因组的测序，要对测序结果从头组装，从头组装是将测序所得结果组装形成一个重叠群或一条完整的单条基因序列，从头组装可以用软件 Trinity 进行分析，它是目前该测序平台从头组装的一个比较权威的软件，可以完整地针对 RNA-seq 测序数据拼接。利用它对测序后所有短片段进行分析，并完成从头组装这个过程。

① RNA-seq 文库质量的评价。RNA-seq 文库质量评估可以直接影响后续测序过程能否成果，评估文库质量可以从 3 方面进行：a. mRNA 片段化是否具有随机性及 mRNA 是否被降解；b. 插入片段的离散性；c. 文库容量大小评估。

② RNA-seq 从头组装。Trinity 拼接组装后需要对其结果进行评估。一般要评估两次，分为初始组装和优化组装。一般情况下是要优化以后才能评估。

a. 使用软件 TransRate、CD-HIT 进行优化过滤；b. 使用软件 BUSCO（Benchmarking Universal Single-Copy Orthologs）进行组装评估。

（5）基因表达量分析

① Venn 分析：Venn 分析展示样本间或组别间共有和特有表达的基因/转录本，可简单呈现样本间相关性，同一组别样本表达基因/转录本的数目不应差别很大（注意：该项分析需要对表达的基因或转录本指定表达的指标，一般无参转录组中认为表达量>1，即认为该基因或转录本发生了表达）。

② 相关性分析：生物学重复样本之间的相关性分析，一方面检验生物学重复之间的变异是否符合试验设计的预期；另一方面为差异基因分析提供基本参考。相关系数越接近1，表明基因/转录本在样本间的表达量相似度越高，即样本间相关性越好。

（6）差异表达基因分析。差异表达分析过程是指分析处理那些基因表达量具有显著性差异的基因或具有显著性差异的转录本（Differentially Expressed Gene or Transcript，DEG or DET）时，为获得这些基因和转录本的过程称为基因差异表达分析。

（7）差异表达基因 KEGG 注释。KEGG（Kyoto encyclopedia of genes and genomes）数据库可以对基因注释、联系基因之间的关系、分析差异表达基因的通路。可以更精确的挖掘基因功能。在生物体内，不同基因可通过相互作用或调节来完成其生物学功能，对差异表达基因的通路（Pathway）注释分析有助于进一步解读基因的功能。KEGG 库可以系统地分析基因功能、联系基因组信息和功能信息的知识库。利用 KEGG 库可将基因按照其参与的通路或功能进行注释分类，从而分析不同样品的差异表达基因可能与哪些通路的改变有关。

（8）重金属分子耐性机理分析

利用所选测序公司的云平台深入分析测序结果报告：使用 DESeq2、DEGseq、Limma 等软件包分析实验组菌株和空白组菌株差异表达的所有基因。设置 Padjust 等合适函数筛选出在不同样本组间表达水平存在显著差异的基因。按照 Ca、Pb、Zn、Cd 等重金属、离子泵、金属离子转运等关键词对筛选出的显著差异基因进行检索，进一步筛选出与金属相关的显著差异基因。逐一查找基因的功能作用，最终筛选出对金属耐性相关的显著差异基因。以此阐明明确耐性细菌和酵母菌对 Cd^{2+} 和 Cr^{6+} 的分子耐性机理。

7.4 重金属耐性微生物的促植物生长特性研究方法

7.4.1 固氮能力的筛选和测定

（1）改良阿须贝氏固氮培养基：K_2PO_4 0.2g，$MgSO_4$ 0.2g，$CaCO_3$ 5g，K_2SO_4 0.1g，Glucose 10g，蒸馏水 1L，琼脂粉 18g。

（2）菌株固氮能力的筛选和测定。将从植物根际土中分离出的单一无污染的真菌，接种于阿须贝氏固氮培养基，28℃培养 7～10d，观察菌株的生长状况及形态特征，若菌株在改良阿须贝氏固氮培养基上正常生长，则表明该菌株具有固氮活性；若出现大型、黏稠、半透明，颜色呈白色、褐色或黑褐色的菌落，一般都是好氧性固氮菌。

7.4.2 溶磷菌株的筛选

(1) NBRIP 培养基：葡萄糖 10g，七水硫酸镁 0.25g，磷酸钙 5g，氯化钾 0.2g，六水氯化镁 5g，硫酸铵 0.1g，琼脂粉 18g，蒸馏水 1000mL，pH 7.0～7.2（灭菌前调节），121℃高压蒸汽灭菌 20min。

(2) 菌株的溶磷能力筛选和测定。将分离的根际土壤真菌接种于 NBRIP 培养基，放置在 28℃的培养箱中培养 3～5d，观察是否产生透明圈，若出现，则表明该菌株具有溶磷能力。用游标卡尺测量菌落直径（d）及溶磷圈直径（D）。若 $D/d>1$，则表明该菌株有较好的溶磷效果。

7.4.3 产铁载体菌株的筛选

(1) CAS 培养基：铬天青 S（CAS）60.5mg，十六烷基三甲基溴化铵（HDTMA）72.9mg，二水磷酸二氢钠 295.25mg，六水氯化铁 2.645mg，十二水磷酸氢二钠 1213.5mg，氯化铵 125mg，磷酸二氢钠 37.5mg，氯化钠 62.5mg，琼脂 9000mg，pH 6.8±0.1，121℃高压蒸汽灭菌 20min。

(2) 产铁载体菌筛选方法。将分离的根际土壤真菌接种于 CAS 培养基，放置在 28℃的培养箱中培养 3～7 天。若菌落周围出现橙黄色晕圈（褪色圈），则表明铁载体分泌。

7.4.4 产吲哚乙酸（IAA）菌株的筛选

(1) PDB 培养基：将健康、无腐烂的马铃薯洗干净，去皮，切成小块，放入沸水中煮 30min。用纱布过滤得到马铃薯浸出液，加入 20g 葡萄糖搅拌溶解后，加入蒸馏水定容至 1L，分装于 250mL 三角瓶中，120℃高压蒸汽灭菌 20min 备用。

(2) 产 IAA 菌的筛选方法。根际土壤真菌生长素的测定采用 Salkowski 比色法。真菌液体培养物制备：活化的菌液，转移到 100mg/L L-Try 的 PDB 液体培养基和不含有 L-Try 的 PDB 液体培养基内，设置含有无菌水的 PDB 培养基为对照，28℃、180r/min 摇床培养 7d，发酵好的培养液放入离心机，4℃、10000r/min 离心 20min。真菌液体培养物与 Salkowski 试剂以体积比为 1∶1 比例混合均匀。室温避光条件下静置孵育 30min，观察溶液是否显色（显粉色或粉红色），若显色说明该菌株可以分泌吲哚类物质。

7.5 煤矿复垦中土壤重金属含量监测与评价

采用 ICP 测量重金属 Cu、Zn、Pb、Cr、Ni、Mn、Cd 的含量，使用单因子指数法、内梅罗指数法、土壤污染负荷指数法、潜在生态风险指数法评价研究区重金属污染程度及生态风险，结果如下。

(1) 除 Cd 外，Cu、Zn、Pb、Cr、Ni 元素含量范围均未超标，Cd 含量超标 19.43

倍，是区域主要污染因子（表 7-14）。

表 7-14 土壤重金属含量统计（N= 3）

指标	Cu	Zn	Pb	Cr	Ni	Mn	Cd
范围值/(mg/kg)	30.00～38.61	89.38～160.38	54.62～71.25	75.50～118.88	35.33～49.43	241.70～391.40	5.30～6.82
平均值/(mg/kg)	34.67	136.15	61.20	95.34	43.08	292.79	5.83
标准误差	4.87	11.31	12.18	17.51	7.27	28.13	1.18
变异系数(CV)/%	14.05	8.31	19.90	18.23	16.89	9.6	20.29
重庆市土壤元素背景值	25.64	84.72	29.62	73.57	30.29	657	0.29
标准值	100	250	120	200	250	—	0.3
超标倍数	0.35	0.54	0.51	0.48	0.17	—	19.43

注：1. 变异系数：标准误差与平均值的比值。

2. 采用 GB 15618—2018 中 6.5≤pH≤7.5 下的风险筛选值作为标准值。

3. 超标倍数：平均值与标准值的比值。

（2）非复垦区各重金属元素单因子污染指数（最大数值为 Cd 22.72）、内梅罗污染指数（数值为 16.26）、土壤污染负荷指数（数值为 0.75）大于复垦区（RS 和 N-RS）重金属元素相关数值，说明植物复垦有利于削弱重金属污染（表 7-15～表 7-17）。

表 7-15 各样地土壤重金属单因子污染指数

样地类型	样点名	Cu	Zn	Pb	Cr	Ni	Mn	Cd
未复垦区	BS	0.34	0.58	0.46	0.51	0.17	—	22.72
复垦区	RS	0.30	0.55	0.52	0.60	0.16	—	21.46
	N-RS	0.34	0.36	0.51	0.40	0.19	—	17.68
原始植被区	RS	0.38	0.64	0.47	0.38	0.20	—	17.68
	N-RS	0.39	0.60	0.60	0.51	0.14	—	17.68
污染等级	无污染							严重污染

注：BS 表示煤矸石，RS 表示根际土，N-RS 表示非根际土。

表 7-16 各样地类型土壤重金属内梅罗污染指数及污染程度

样地类型	样点名	$P_{综合}$	污染程度
未复垦区	BS	16.26	重度污染
复垦区	RS	15.36	
	N-RS	12.65	
原始植被区	RS	12.66	
	N-RS	12.66	

表 7-17　土壤重金属污染负荷指数

土壤类型	未复垦区	复垦区		原始植被区	
	BS	RS	N-RS	RS	N-RS
PLI	0.75	0.75	0.66	0.73	0.75
PLI 均值		0.71		0.74	
污染等级	无污染				

（3）根据潜在生态风险指数，土壤单项重金属 Cu、Zn、Pb、Cr、Ni、Mn 均为轻微生态危害，Cd 表现为极强生态危害（数值为 159.09～681.82），表明 Cd 也是主要的潜在生态风险因子。复合重金属元素潜在生态风险范围为：非复垦区＞复垦区＞原始植被区（图 7-5）。这暗示植物复垦有助于缓减重金属生态风险，且植被生长时间越长，生态环境越平衡、生态风险越低。

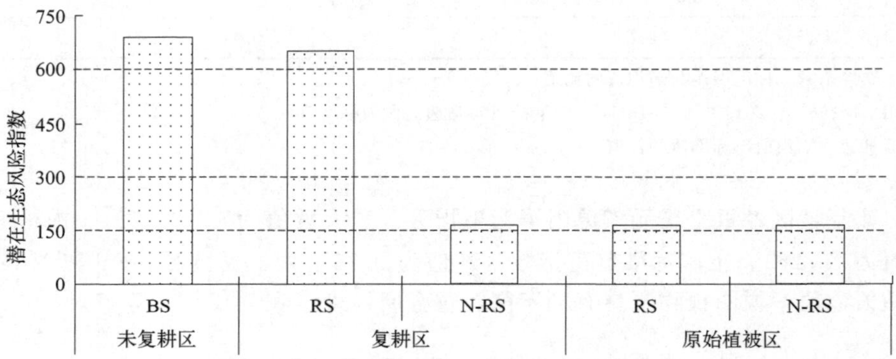

图 7-5　复耕下土壤潜在生态风险指数

BS 表示煤矸石，RS 表示根际土，N-RS 表示非根际土；虚线表示当 RI＜150 时低潜在生态风险；当 150≤RI＜300 时中等潜在生态风险；当 300≤RI＜600 时较高潜在生态风险；当 600≤RI 时极高潜在生态风险

7.6　煤矿复垦中根际微生物群落结构和特征分析

利用快速土壤 DNA 提取试剂盒进行根际土壤总 DNA 提取。分别利用引物 515F/907R 对细菌 16S rRNA 的 V4～V5 区，引物 524F10extF/Arch958RmodR 对古菌的 V4～V5 区，引物 ITS5-1737F 和 ITS2-2043R 对真菌的 18S rRNA 的 ITS1 区，进行 PCR 扩增，并进行胶回收，之后进行高通量测序。使用 FLASH 对每个样品的读长进行拼接，利用 QⅡme 进行质量控制，通过 Uparse 软件进行聚类分析，以 97%的一致性将序列聚类成为 OTUs，用 Mothur 方法与 SILVA 的 SSUrRNA 数据库进行物种注释分析，主要有以下发现。

7.6.1 细菌群落结构

在细菌的属水平上，发现原始植被区、复垦区接骨草根系中分别以黄杆菌属（*Flavobacterium*）和根瘤菌属（*Rhizobium*）为优势属，植物根际和非根际土壤中以芽孢杆菌属（*Bacillus*）为优势属，煤矸石土中以鞘氨醇单胞菌属（*Sphingomonas*）为优势属（图 7-6）；在 OTU 水平上，发现煤矸石土中 OTU 数目最少，根际和非根际土壤中 OTU 最多。共有 OTU 数目为 853 个，但煤矸石土中独有 OTU 最多（图 7-7）。

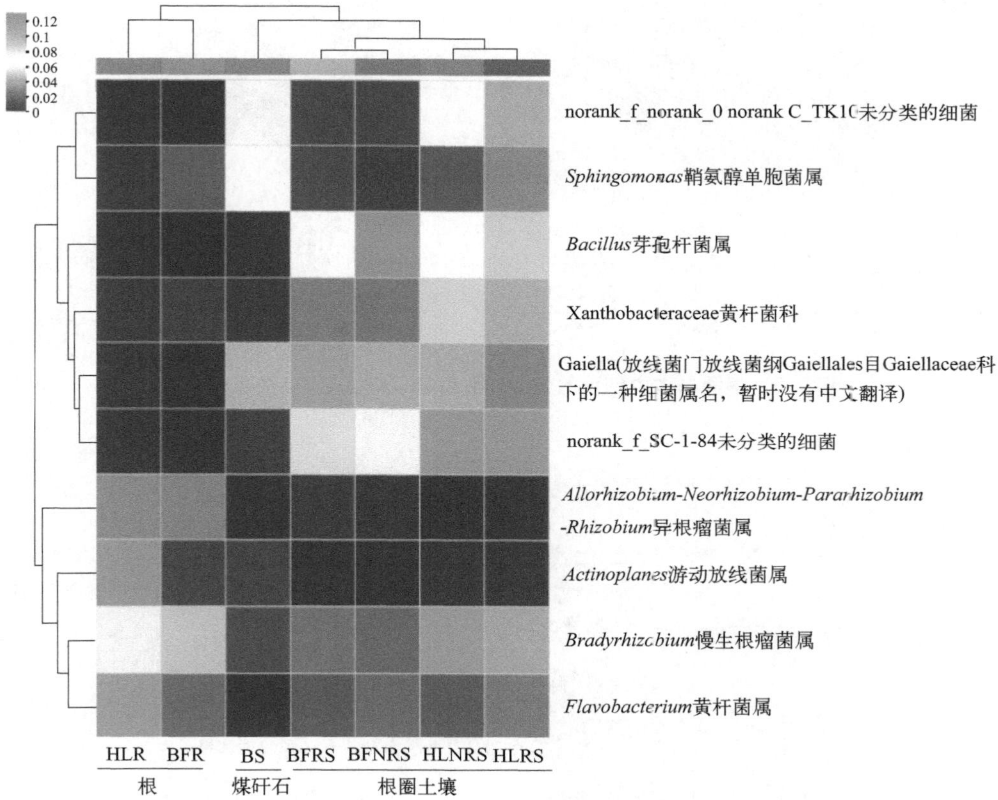

图 7-6 基于前 10 属的细菌群落组成热图

R 表示根系，RS 表示根际土壤，NRS 表示非根际土壤；HL 表示原始植被区，BF 表示复垦区。字母组合，组成了 7 个样本的名称，HLR 表示原始植被区接骨草的根系，BFR 表示复垦区接骨草的根系，HLRS 表示原始植被区根际土壤，BFRS 表示复垦区根际土壤，HLNRS 表示原始植被区非根际土壤，BFNRS 表示复垦区非根际土壤，BS 表示煤矸石，指非复垦区。下同。

7.6.2 真菌群落结构

在真菌的属水平上，发现原始植被区、复垦区接骨草根系中分别以未分类的油壶菌科（unclassified Olpidiaceae）和未分类的伞菌纲（unclassified Agaricomycetes）为优势属，植物根际和非根际土壤中以镰刀霉菌属（*Fusarium*）和原隐球菌属（*Saitozyma*）为优势属，而煤矸石土中以曲霉属（*Aspergillus*）和黄丝曲霉属（*Talarmyces*）为优势属（图 7-8）；在 OTU 水平上，发现煤矸石土中 OTU 数目最小，根际和非根际土壤中 OTU 最多。共有 OTU 数目为 80，同样是煤矸石土中独有 OTU 最多（图 7-9）。

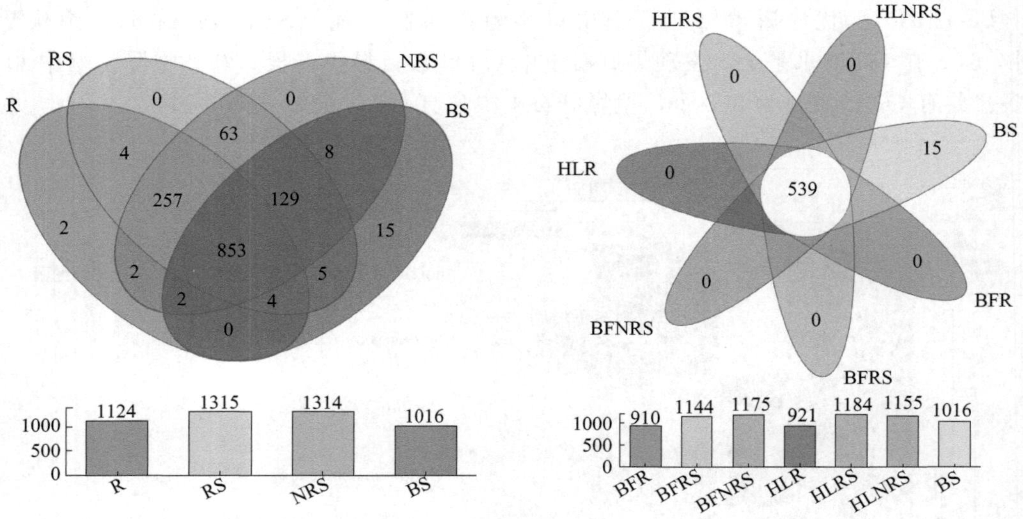

图 7-7 根圈样本中细菌的 Venn 图和各采样点 OTU 数目柱状图

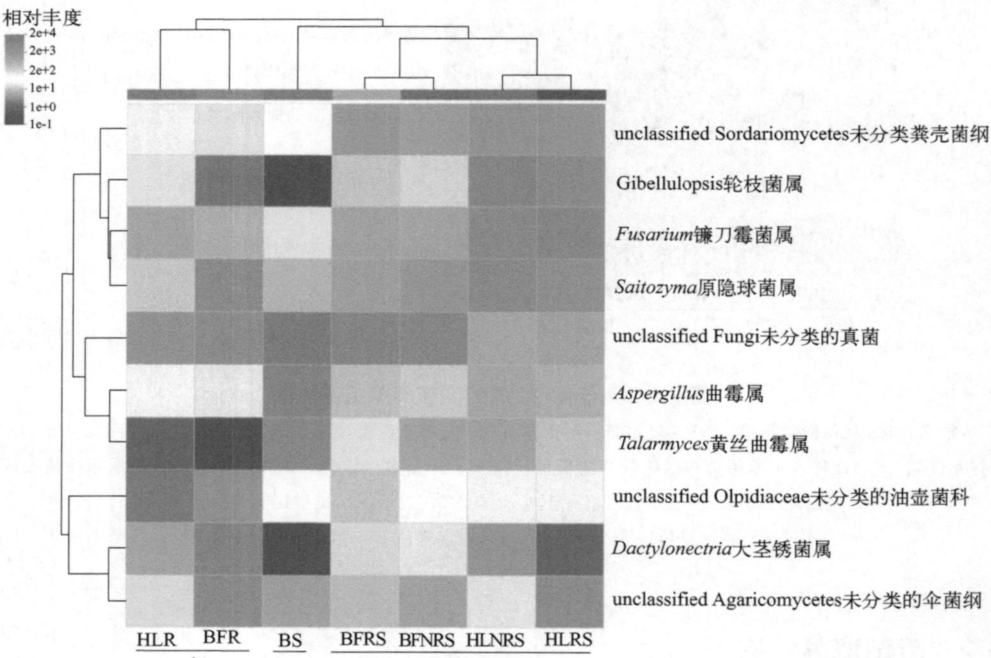

图 7-8 基于前 10 属的真菌群落组成热图

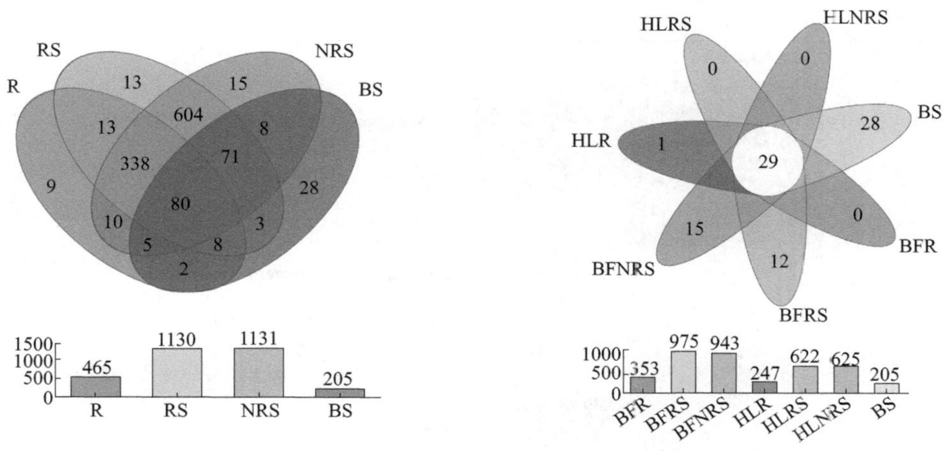

图 7-9　根圈样本中真菌的 Venn 图和各采样点 OTU 数目柱状图

7.6.3　古菌群落结构

在古菌的属水平上，煤矸石土和原始植被区、复垦区接骨草根区环境中优势古菌均为奇古菌门（Thaumarchaeota）的硝化螺菌科（Nitrososphaeraceae），包括硝化螺菌属（*Nitrososphaera*）和硝化球菌属（*Nitrosocosmicus*）。此外，复垦区植被生长时间比原始植被区短，复垦区根圈环境与煤矸石土的优势古菌更接近，以硝化螺菌科（Nirosostaleaceae）（Group 1. 1a）和深古菌门（Bathyarchaeota）的深古菌纲（Bathyarchaeia）为优势；煤矸石土相比较根圈环境也孕育了独特的优势古菌为广古菌门（Euryarchaeota）的热原体纲（Thermoplasmata）（图 7-10）。在 OTU 水平上，发现煤矸石土和根系中 OTU 数目相当，明显低于根际和非根际土壤中 OTU 数目。共有 OTU 数目为 39，依然是煤矸石土中独有 OTU 最多（图 7-11）。多样性是细菌＞真菌＞古菌（图 7-12）。

由图 7-13 可见，细菌的分层聚类结果显示，细菌群落在属水平上分为根和土壤两类。从 PCoA 分析的结果可以看出，在门水平上根和土壤两类的细菌组成具有显著性差异；无植被区和有植被区的细菌群落差异较大；由于植被恢复年龄的原因，相同年限的根际土区、非根际土区细菌群落组成相似。根据真菌在属水平上的分层聚类分析结果，可分为根区和土壤区两大类。进行 PCoA 分析可知，在门水平上植被恢复年限相同的根际土区和非根际土区真菌群落结构相似，非复垦区的真菌群落结构与两年区的根际土区和非根际土区真菌群落结构相似。对古菌进行 PCoA 分析，结果显示：在门水平上，两年区的根、根际土和非根际土具有显著性差异，十年区的根与根际土、非根际土具有显著性差异。

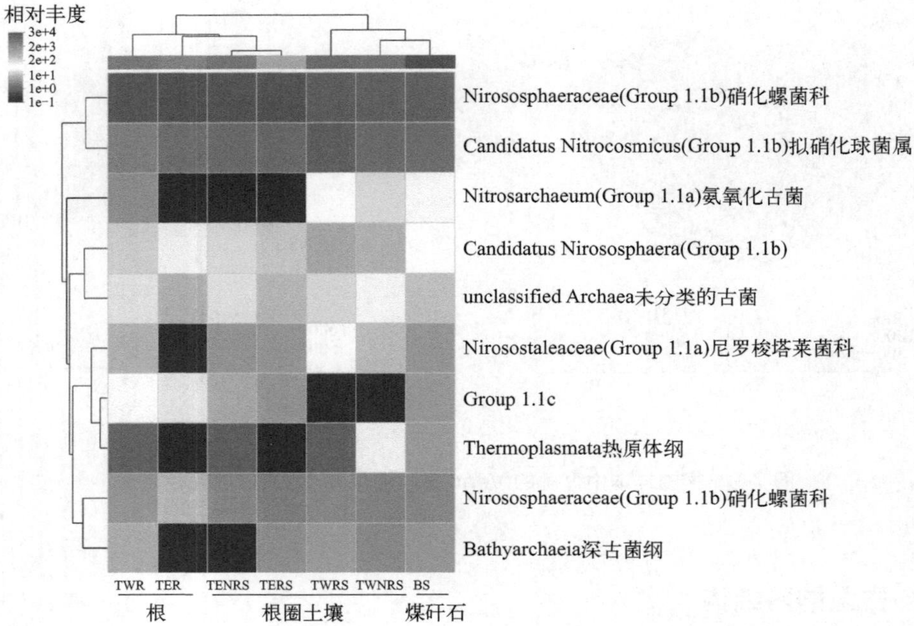

图 7-10　基于前 10 属的古菌群落组成热图

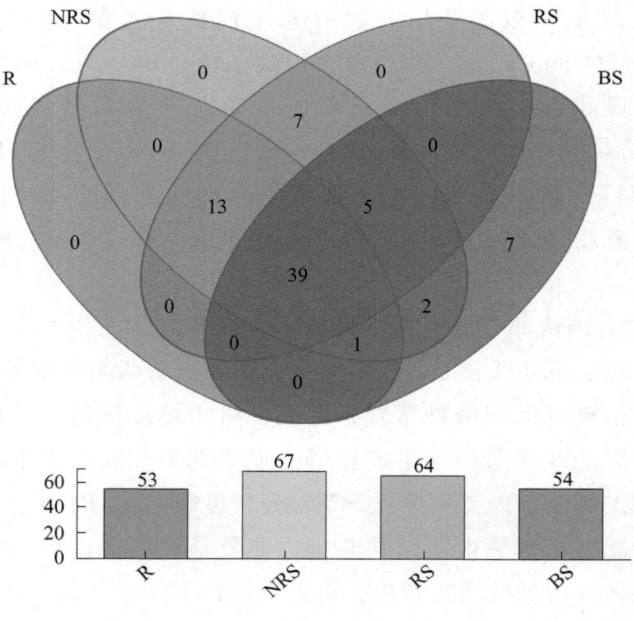

图 7-11　根圈样本中古菌的 Venn 图和各采样点 OTU 数目柱状图

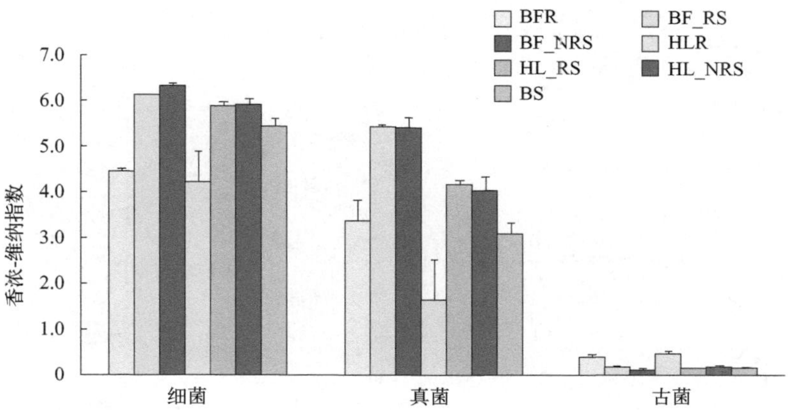

图 7-12 研究区细菌、真菌、古菌的香浓维纳指数

由上所述可见，根圈效应明显，植被根区环境中细菌、真菌、古菌群落多样性比煤矸石土壤中更高。而且原始植被区（十年区）与复垦区（两年区）三类微生物的群落组成也表现出了差异性，这暗示植被的生长的时间长短，即植物复垦的时间长短，对根区环境中微生物的群落结构有明显的影响；细菌群落结构对重金属比古菌和真菌群落结构更敏感。

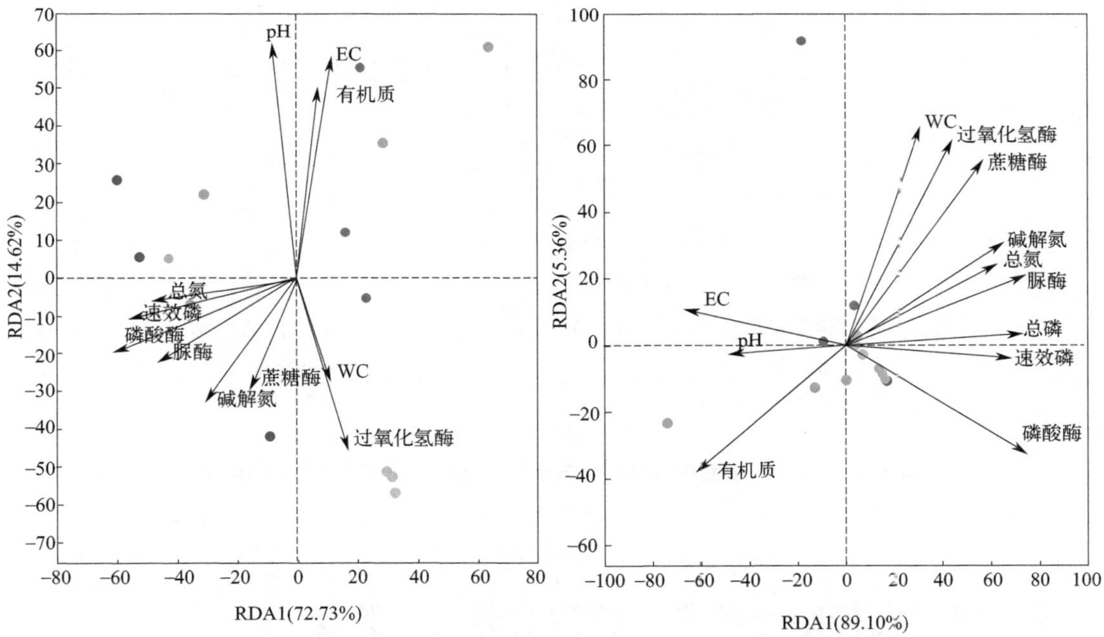

(a) 古菌(属水平)　　(b) 古菌(门水平)

图 7-13

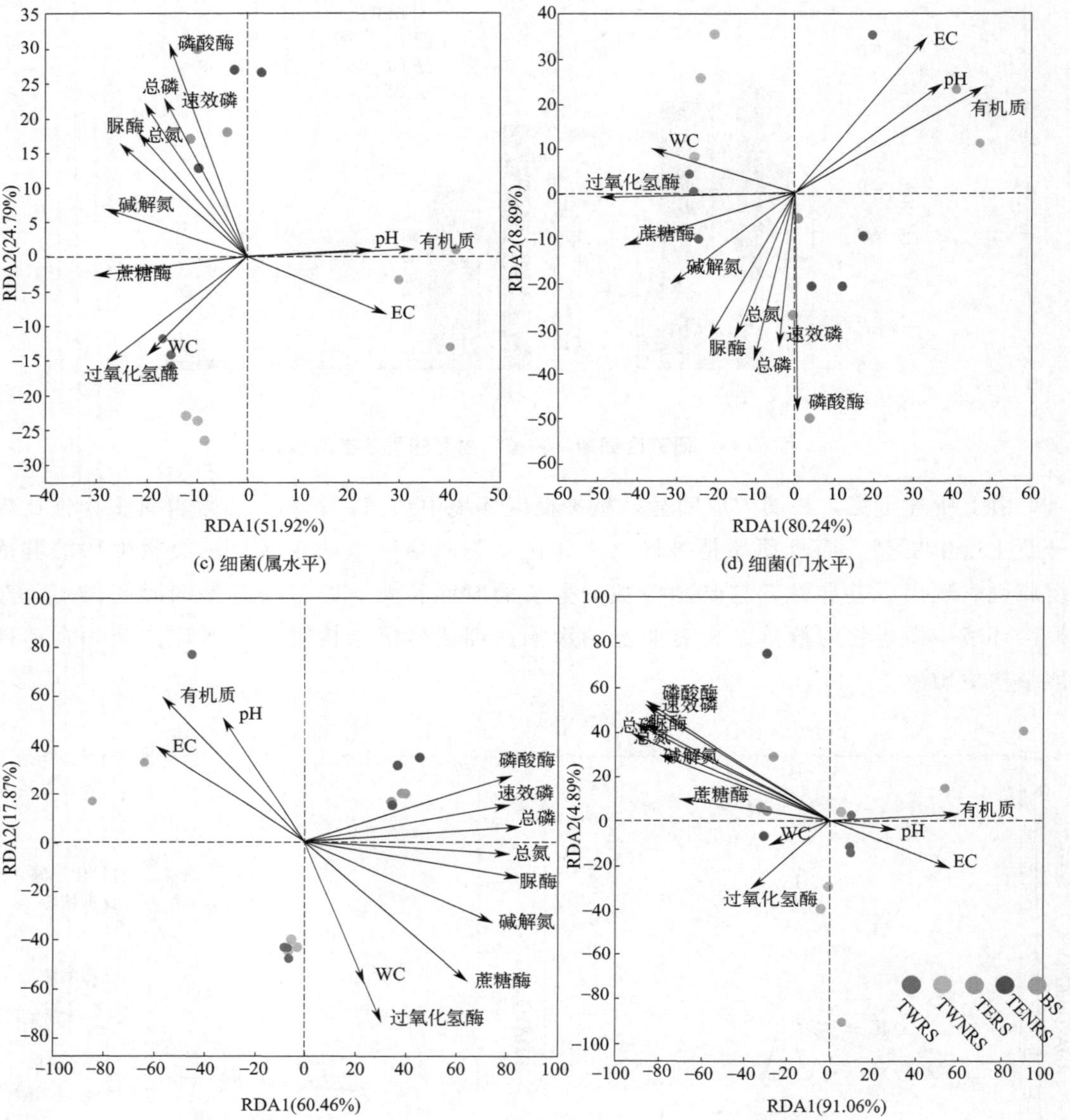

(c) 细菌(属水平)　(d) 细菌(门水平)

(e) 真菌(属水平)　(f) 真菌(门水平)

图 7-13　古菌、细菌和真菌群落与土壤理化性质及酶活性的 RDA 分析

7.7　煤矿区根际土细菌、真菌的分离、鉴定

利用富集培养法和平板涂布-划线法，分别采用牛肉膏蛋白胨培养基、马丁氏琼脂培养基、YPD 培养基分离到 35 株细菌、15 株真菌和 25 株酵母菌，经过 Pb^{2+}、Zn^{2+}、Cd^{2+}、Cr^{6+} 四种重金属离子的耐性初筛，分别得到 3 株对 Zn^{2+} 耐受性强的细菌，分别为

HNRS2、HNRS11 和 HNRS13；4 株对 Pb^{2+} 耐受性强的细菌，分别为 H1、W1、W2、W3；4 株对 Cd^{2+} 和 Cr^{6+} 耐受性强的细菌，分别为 W9、HNRS13、HNRS14、HNRS22；4 株对 Zn^{2+} 耐受性强的霉菌，分别为 X4、X15、X19、X26；4 株对 Pb^{2+}、Zn^{2+}、Cd^{2+}、Cr^{6+} 耐受性强的酵母菌，分别为 L21、L24、L41、L42。研究发现，真菌中霉菌对重金属的耐受性明显高于细菌和酵母菌，霉菌对四种重金属的耐受高达 800～1200mg/L，而细菌为 300～400mg/L。这与微生物群落分析的结果一致，细菌对重金属污染比真菌更敏感。对这些重金属耐性微生物进行研究，得到以下结果。

基于 16S rRNA 基因的分子生物学鉴定：11 株细菌隶属于变形菌门（Proteobacteria）伯克菌属（Burkholderia），相似度高达 97%以上（图 7-14）。真菌中菌株 X4、X15、X19 均隶属于子囊菌门（*Ascomycota*）镰刀霉属（*Fusarium*）（相似度＞99%），其中 X4 为Ⅰ类，属于尖孢镰刀菌物种复合体（*Fusarium oxysporum* species complex）；X15 为Ⅱ类，属于藤黄镰刀菌物种复合体（*Fusarium fujikuroi* species complex）；X19 为Ⅲ类，属于茄病镰刀菌物种复合体（*Fusarium solani* species complex）。而菌株 X26 隶属于子囊菌门（Ascomycota）淡紫紫孢菌属（也称为拟青霉菌属，*Purpureocillium*）（相似度为 99.65%）（图 7-15）。4 株酵母菌均隶属于子囊菌门（Ascomycota）的毕赤酵母菌属（*Pichia*）（图 7-16）。

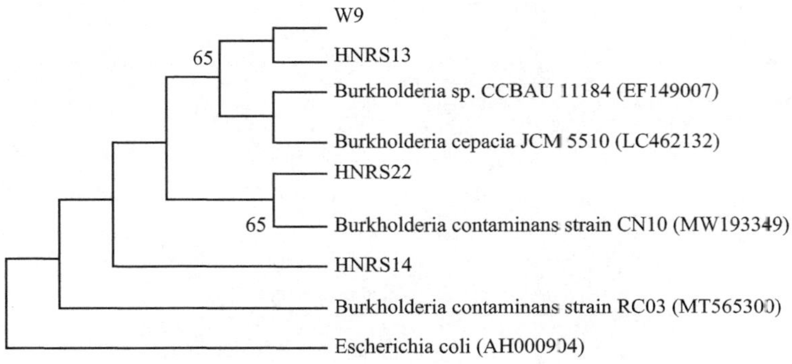

图 7-14 细菌分离菌株基于 16S rRNA 基因的系统发育树

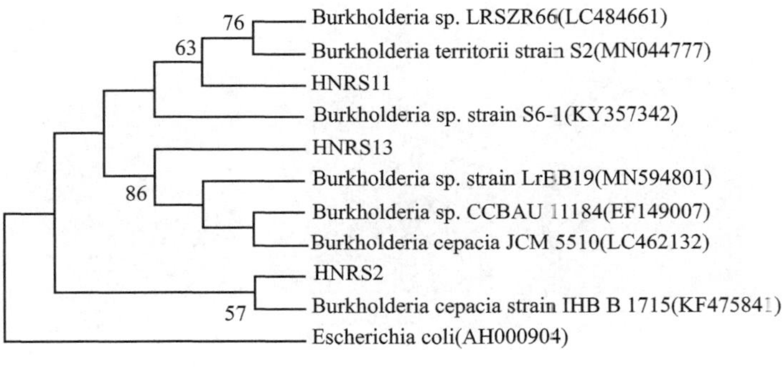

图 7-15 细菌分离菌株基于 16S rRNA 基因的系统发育树

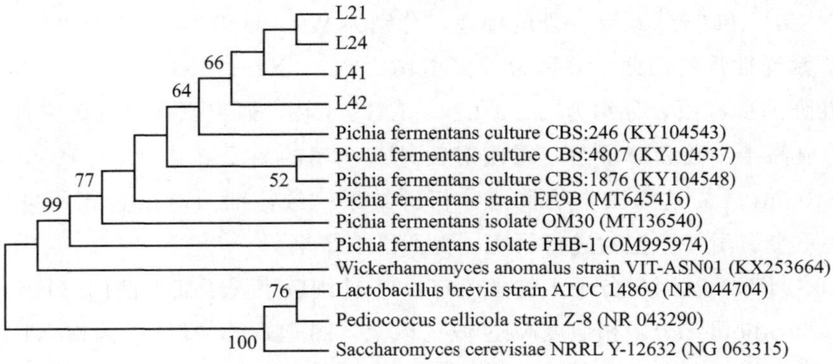

图 7-16 真菌分离菌株基于 ITS 基因系统发育树

11 株细菌的菌落形态基本一样，圆形、菌落凸起、边缘整齐、表面光滑、初期呈乳白色、后期变为黄色、易挑取。革兰染色结果均为红色，判定为革兰阴性菌（图 7-17）。霉菌的菌落呈圆形、平坦和绒毛状，颜色有白色、粉红色、黄色、紫色（图 7-18）。酵母菌的菌落为乳白色，大小一致，单菌落表面光滑，无毛，在固体培养基上凸起（图 7-19）。

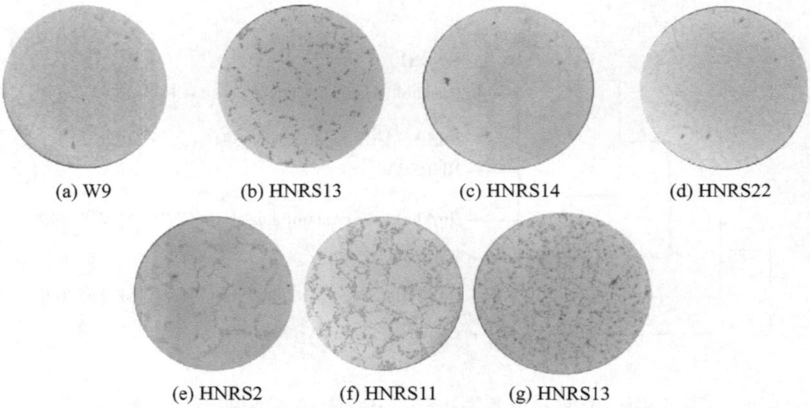

(a) W9 (b) HNRS13 (c) HNRS14 (d) HNRS22

(e) HNRS2 (f) HNRS11 (g) HNRS13

图 7-17 细菌革兰染色情况

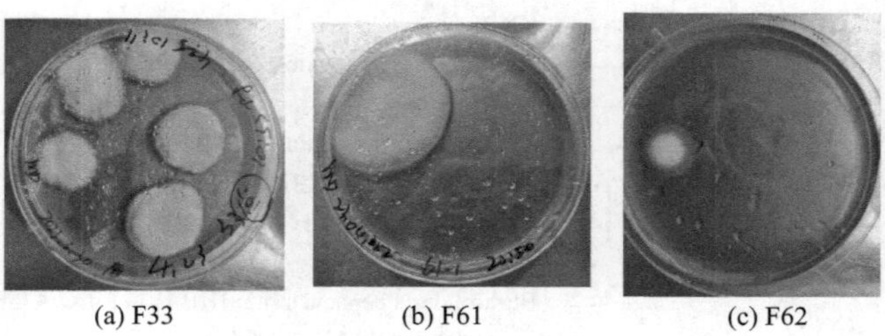

(a) F33 (b) F61 (c) F62

图 7-18 霉菌的菌落形态

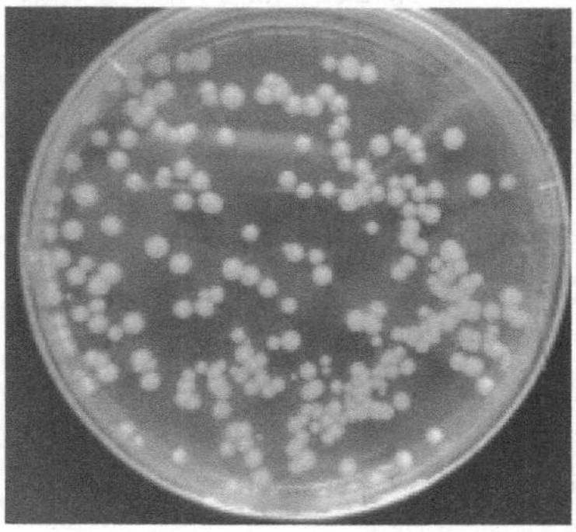

图 7-19 酵母菌的菌落形态

7.8 耐性菌株对重金属的吸附特征研究

7.8.1 菌株在单金属胁迫下的吸附特征

对三类微生物进行单重金属吸附性能的测定，得出以下结论。

(1) 筛选出的 3 株细菌（HNRS2、HNRS11、HNRS13）在 Zn^{2+}（50～300mg/L）胁迫条件下均能正常生长，表明 3 株菌对 Zn^{2+} 具有较强耐受性。在 Zn^{2+} 初始浓度为 100mg/L 的条件下，3 株菌的去除率都在 20%以上，HNRS2 的去除率最高为 29.22%，吸附能力为 9.70mg/g（图 7-20 和图 7-21）。

(2) 筛出的 4 株（W9、HNRS13、HNRS14、HNRS22）高 Cd^{2+} 和 Cr^{6+} 耐性菌株，其生长的最适盐浓度为 3.5%，最适 pH 值为 6～8，最适温度为 30～35℃（图 7-22）。4 株菌在 Cd^{2+}（50～200mg/L）胁迫下均能正常生长，而在 300mg/L 下，只有 W9 可以正常生长（图 7-23）。4 株菌对 Cd^{2+} 和 Cr^{6+} 的最小抑菌浓度分别是 300～400mg/L 和 70.27mg/L，283.87mg/L 和 68.43mg/L，291.11mg/L 和 72.72mg/L，254.55mg/L 和 71.33mg/L（图 7-24 和图 7-25）。4 株菌对 Cd^{2+} 的去除率分别为 21.29%、12.33%、15.23%、13.48%，吸附量分别为 7.60mg/g、3.90mg/g、4.76mg/g、6.94mg/g（图 7-26）；对 Cr^{6+} 去除率分别为 10.26%、11.43%、10.87%、12.53%，吸附量分别为 4.51mg/g、4.24mg/g、3.51mg/g、2.67mg/g（图 7-27），最后得出菌株 W9 的耐 Cd^{2+} 和 Cr^{6+} 能力最强，对 Cd^{2+} 和 Cr^{6+} 具有相对较高的吸附能力和去除率。

(3) 4 株酵母菌对 Cr^{6+} 和 Cd^{2+} 表现出较低耐性和吸附性；其中 L21 号菌株对 Cr^{6+} 的去除率、吸附率、菌体内部 Cr^{6+} 积累量最高，分别为 6.90%、1.64%，0.298mg/(g·样品干重)（图 7-28），最小抑菌浓度为 324.14mg/L（图 7-29）；4 株酵母菌对 Cd^{2+} 最小抑菌浓度，依次分别为 76.00mg/L、53.89mg/L、51.57mg/L、38.35mg/L（图 7-30）；其中 21 号对 Cd^{2+} 去除率为 4.68%，41 号对 Cd^{2+} 去除率为 4.29%[图 7-31(b)]。而 4 株

菌对 Zn^{2+} 和 Pb^{2+} 具有较高耐性和吸附性，其中 L41 号菌株对 Zn^{2+} 的去除率、吸附率、积累量最高，分别为 36.15%、15.38%，4.890mg/(g·样品干重)（图 7-32）；L21 和 L41 菌株对 Pb^{2+} 的吸附去除率较高，分别为 42.29%和 49.29%[图 7-31(a)]。

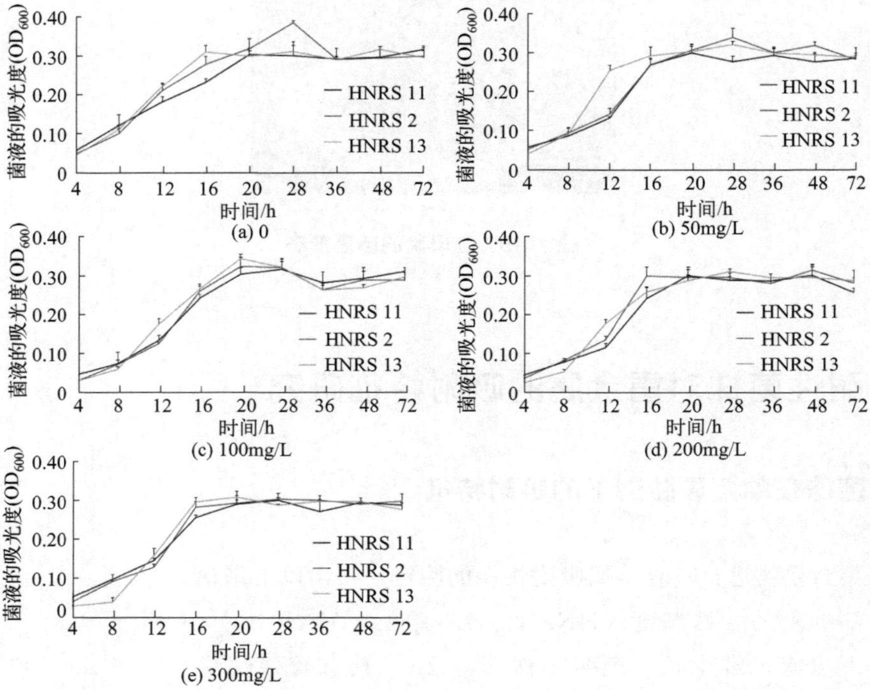

图 7-20　3 株细菌在相同 Zn^{2+} 胁迫下的生长曲线（N=3）

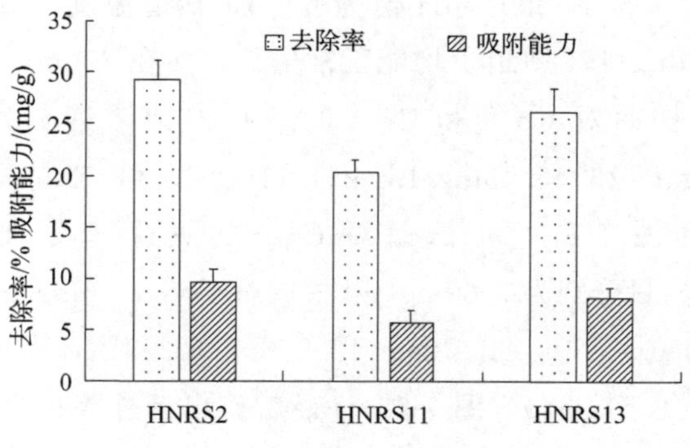

图 7-21　细菌对 Zn^{2+} 的去除率以及吸附能力的测定

由上可见，这些高耐性、高吸附性的菌株可为土壤重金属的污染治理提供菌种资源的支持。

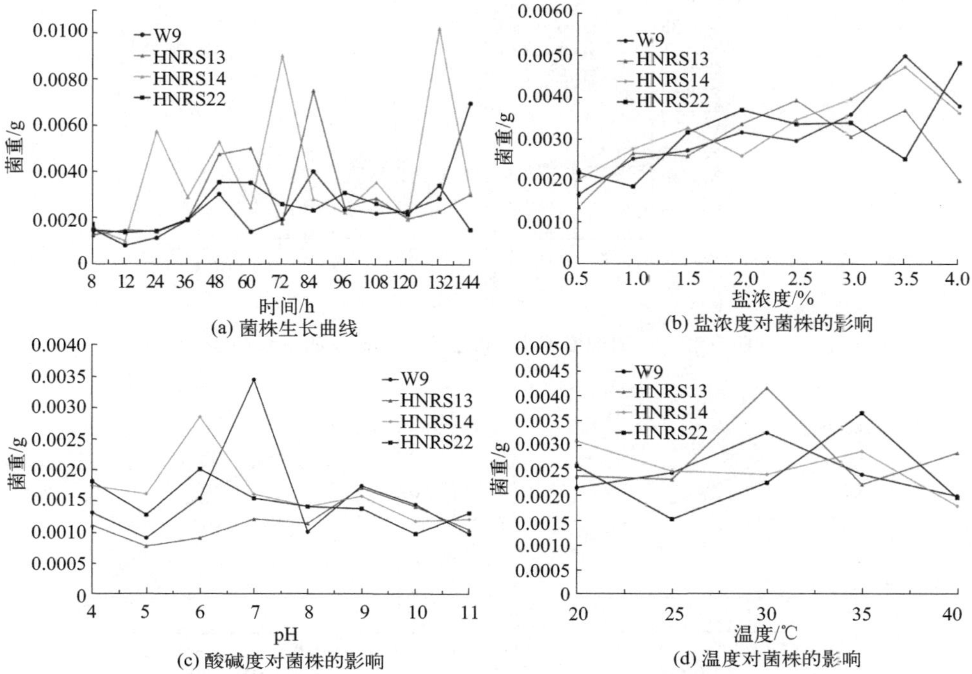

图 7-22 不同环境因子对 4 株细菌影响的生长曲线

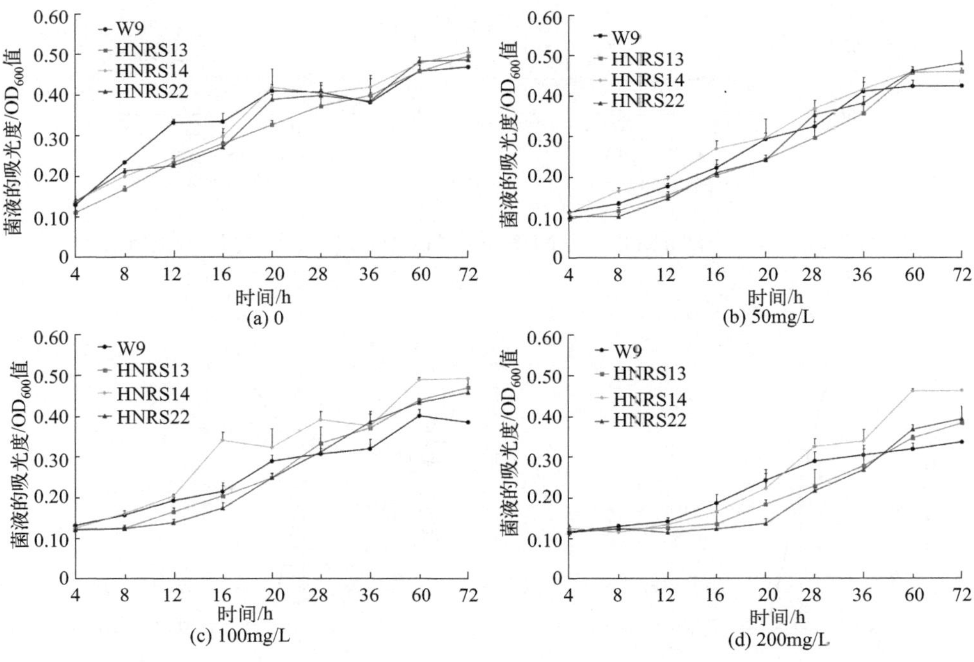

图 7-23

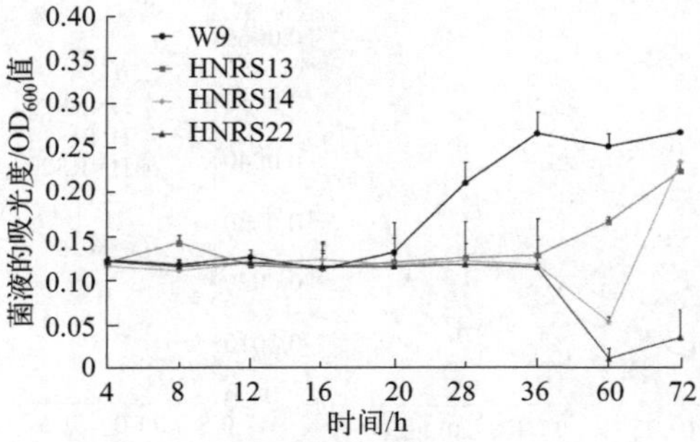

(e) 300mg/L

图 7-23　相同浓度 Cd^{2+} 胁迫下时 4 株菌的生长曲线

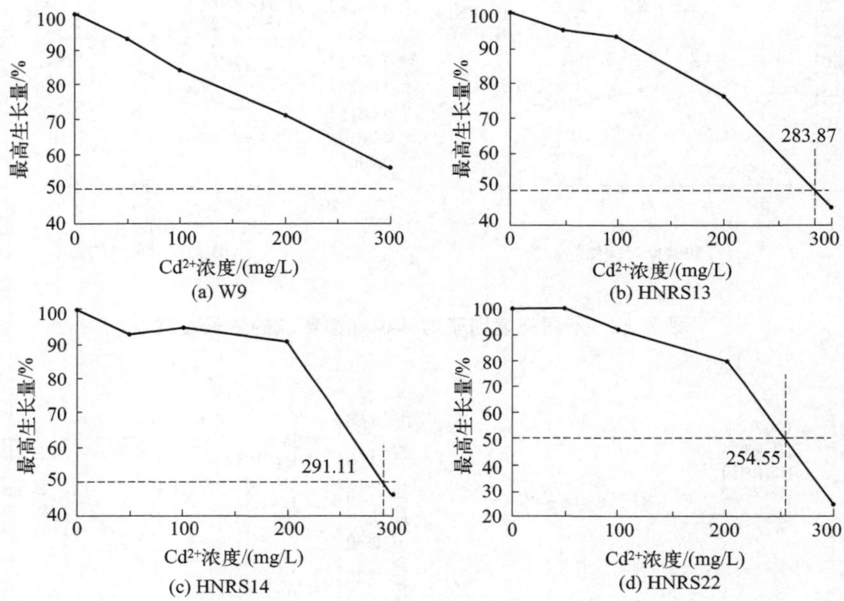

图 7-24　W9、 HNRS13、 HNRS14、 HNRS22 对 Cd^{2+} 的最小抑菌浓度

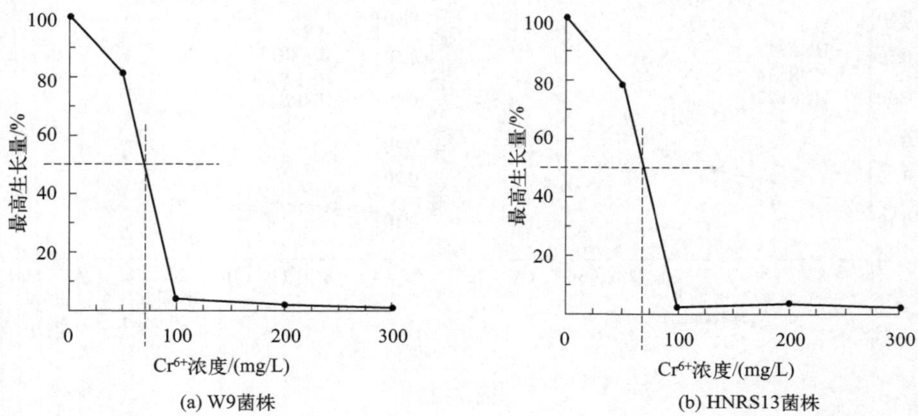

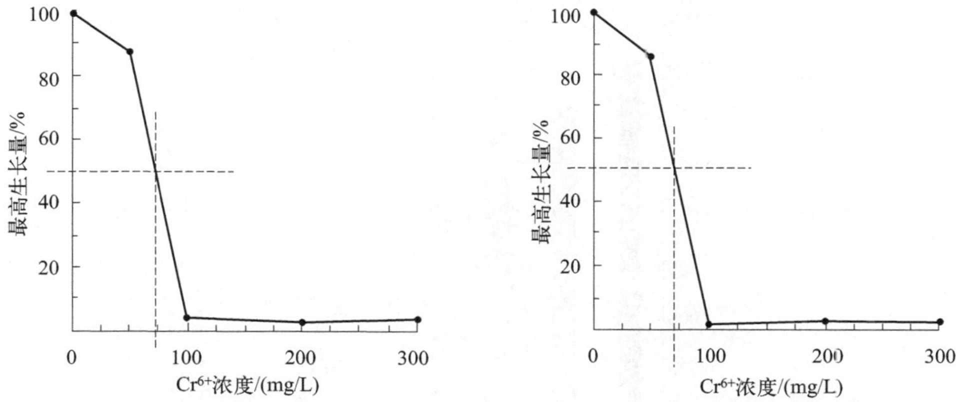

(c) HNRS14菌株　　(d) HNRS22菌株

图 7-25　W9、HNRS13、HNRS14、HNRS22 对 Cr^{6+} 的最小抑菌浓度

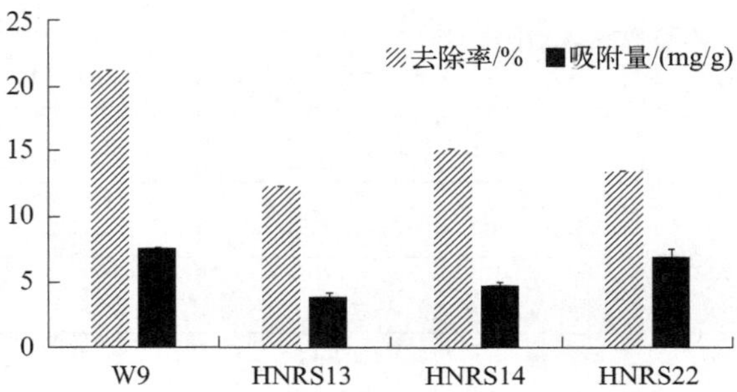

图 7-26　细菌对 Cd^{2+} 的吸附量和去除率

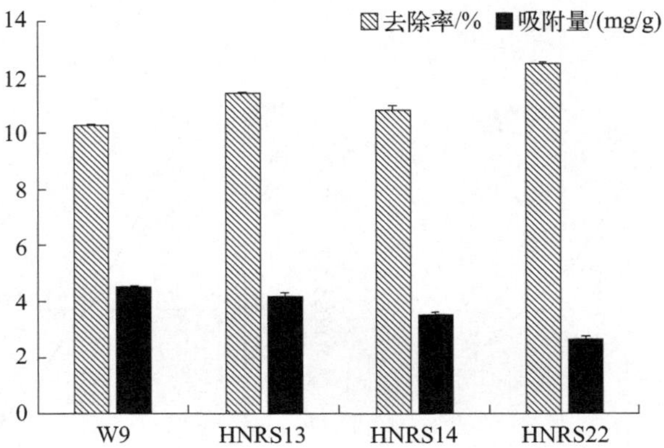

图 7-27　细菌对 Cr^{6+} 吸附与积累测定

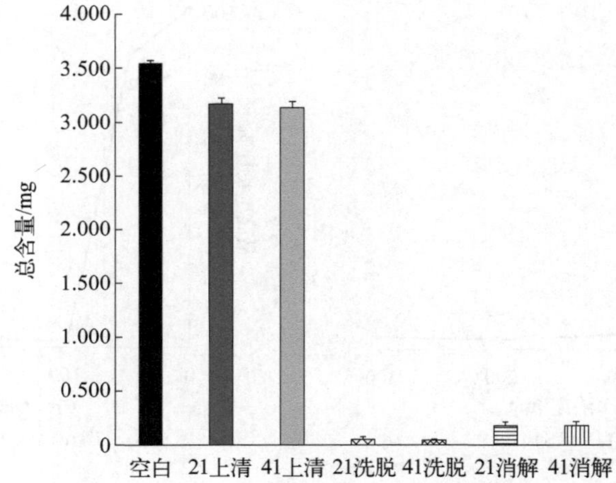

图 7-28　酵母菌菌株各组分 Cr^{6+} 含量（N=3）

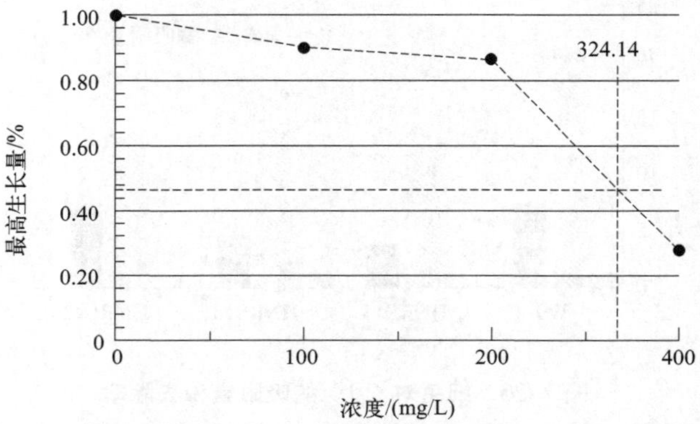

图 7-29　Cr^{6+} 胁迫条件下 21 号酵母菌菌株最高生长量变化曲线（N=3）

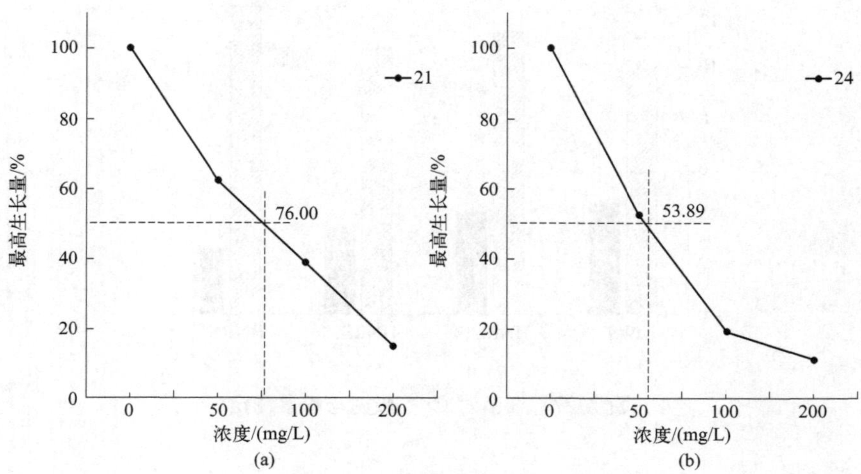

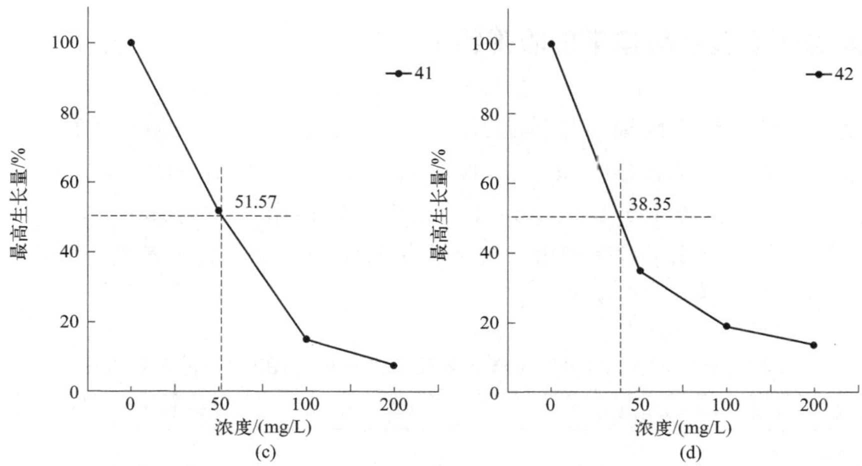

图 7-30　不同酵母菌的 Cd^{2+} 最小抑菌浓度

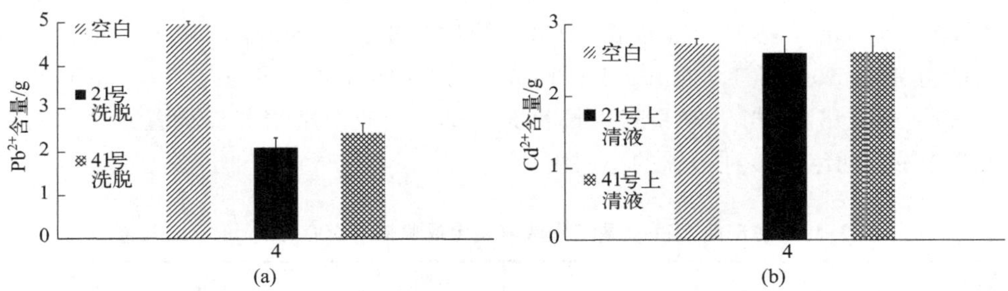

图 7-31　两株酵母菌对 Pb^{2+} 、 Cd^{2+} 的去除

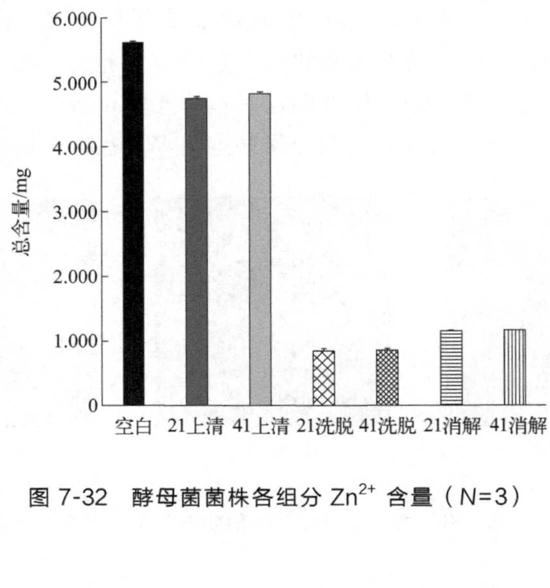

图 7-32　酵母菌菌株各组分 Zn^{2+} 含量（N=3）

7.8.2 菌株在双金属胁迫下的吸附特征

（1）细菌试验。将耐性细菌接种到高、中、低浓度的 Cd^{2+} 和 Cr^{6+} 的牛肉膏蛋白胨（NB）液体培养基中，其中 Cd^{2+} 浓度分别为 0、40mg/L、40mg/L、10mg/L；Cr^{6+} 浓度分别为 0、200mg/L、100mg/L、50mg/L。置于恒温摇床 30℃、180r/min 培养 84h，观察其生长状况。每个金属浓度培养液设置 4 个平行组，每种金属再各设置两组不接种菌株的空白组，详见表 7-18。

表 7-18 细菌 W9 金属工作浓度及金属原液（10000mg/L）加入量

重金属	高浓度	中浓度	低浓度	空白组
Cd^{2+}/μL	135	67	7	0
Cr^{6+}/μL	27	27	50	0
工作浓度/(mg/L)	200 Cd^{2+} +40 Cr^{6+}	100 Cd^{2+} +40 Cr^{6+}	50 Cd^{2+} +10 Cr^{6+}	0

（2）酵母菌试验。将酵母菌接种到高、中、低浓度的 Cd^{2+} 和 Cr^{6+} 的改良马丁营养培养基（MB）液体培养基中，培养液中 Cd^{2+} 浓度分别为 70mg/L、40 mg/L、30 mg/L；Cr^{6+} 浓度分别为 100mg/L、50mg/L、10mg/L。具体加入量见表 7-19。置于恒温摇床 30℃、180 r/min 培养 96h，观察其生长状况。每个金属浓度培养液设置 4 个平行组，每种金属再各设置两组不接种菌株的空白组。

表 7-19 酵母菌 L21 金属工作浓度及金属原液（10000 mg/L）加入量

重金属	高浓度	中浓度	较低浓度	低浓度	空白组
Cd^{2+}/μL	47	27	20	7	0
Cr^{6+}/μL	67	33	7	7	0
工作浓度/(mg/L)	70 Cd^{2+} +100 Cr^{6+}	40 Cd^{2+} +50 Cr^{6+}	30 Cd^{2+} +10 Cr^{6+}	10 Cd^{2+} +10 Cr^{6+}	0

（3）不同的 Cd^{2+} 和 Cr^{6+} 的浓度胁迫下耐性细菌存活情况。图 7-33 中（a）～（c）分别表示 W9 在高、中、低浓度的双金属胁迫下在固体培养基上的菌落特征：固体培养基表面有菌落生长，颜色为白色，表面圆润凸起，边缘光滑，菌落大小基本一致，且无杂菌污染。由此可证明在高、中、低浓度的双金属胁迫下 W9 在试验期间可以存活。

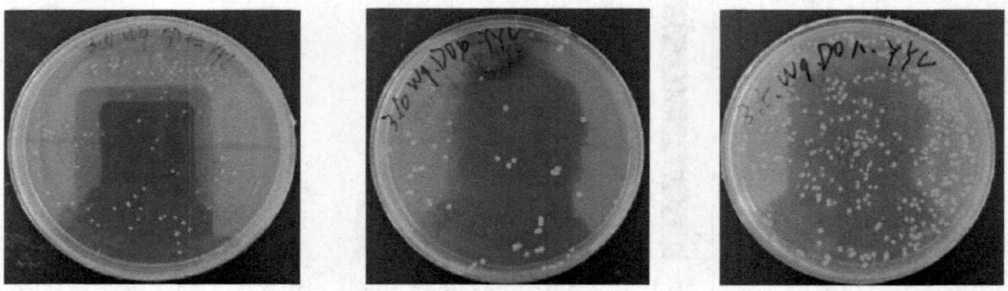

(a) 高浓度　　(b) 中浓度　　(c) 低浓度

图 7-33 高、中、低浓度双金属胁迫下 W9 的菌落特征

（4）不同的 Cd^{2+} 和 Cr^{6+} 的浓度胁迫下酵母菌存活情况。图 7-34 中（a）～（c）分别表示 L21 在高、中、低浓度的双金属胁迫下在固体培养基上的菌落特征：培养基表面有菌落，颜色为白色，菌落大而厚，形状不规则，边缘呈波浪状的凸起，菌落大小基本一致，且无杂菌污染。由此可证明在高、中、低浓度的双金属胁迫下 L21 在试验期间可以存活。

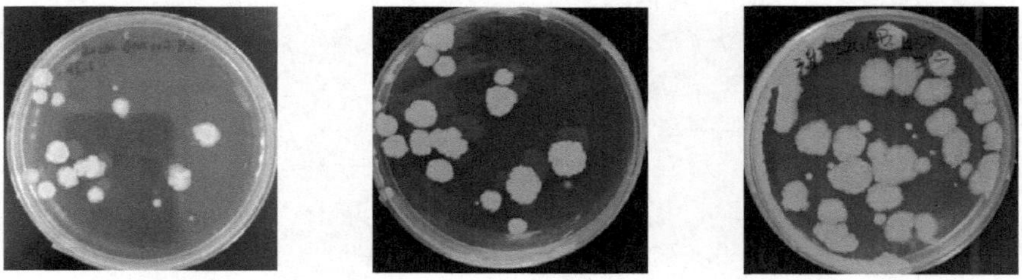

(a) 高浓度　(b) 中浓度　(c) 低浓度

图 7-34　高、中、低浓度双金属胁迫下 L21 的菌落特征

（5）高、中、低浓度的双金属胁迫下 W9、L21 的生长曲线。由图 7-35、图 7-36 生长曲线分析：Cd^{2+}、Cr^{6+} 浓度越高，对菌种生长繁殖的抑制作用越明显。通过使用分光光度法测定培养过程中培养基的浊度变化，以此来确定菌体的生长繁殖速率。耐性细菌在 4h 左右进入对数期，在 44h 左右进入稳定期。酵母菌在 4h 左右进入对数期，在 16h 左右进入稳定期。当培养基中有重金属 Cr^{6+}、Cd^{2+} 存在的情况下，可以得出耐性细菌和酵母菌两菌株的生长都受到了明显的限制，表现为细菌数量明显降低。

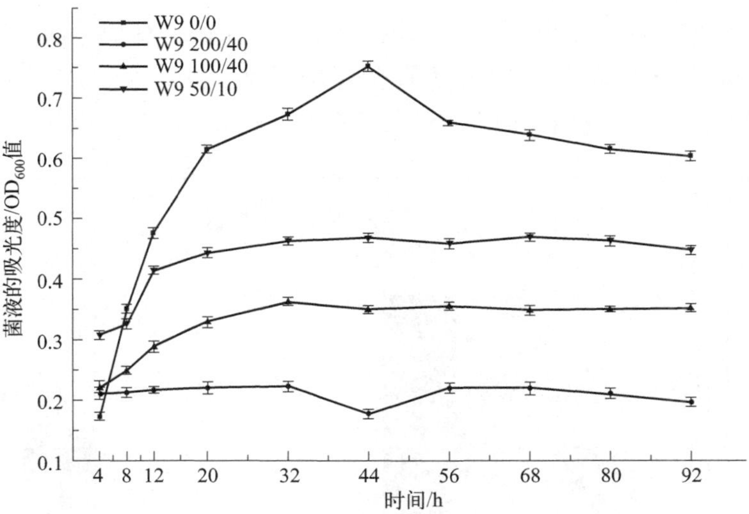

图 7-35　不同 Cd^{2+}、Cr^{6+} 浓度下 W9 生长曲线（N= 4）

0/0 代表培养基中 Cd^{2+}、和 Cr^{6+} 浓度分别为 0；200/40 代表培养基中 Cd^{2+} 和 Cr^{6+} 浓度分别为 200mg/L 和 40mg/L；100/40 代表培养基中 Cd^{2+} 和 Cr^{6+} 浓度分别为 100mg/L 和 40mg/L；50/10 代表培养基中 Cd^{2+} 和 Cr^{6+} 浓度分别为 50mg/L 和 10mg/L

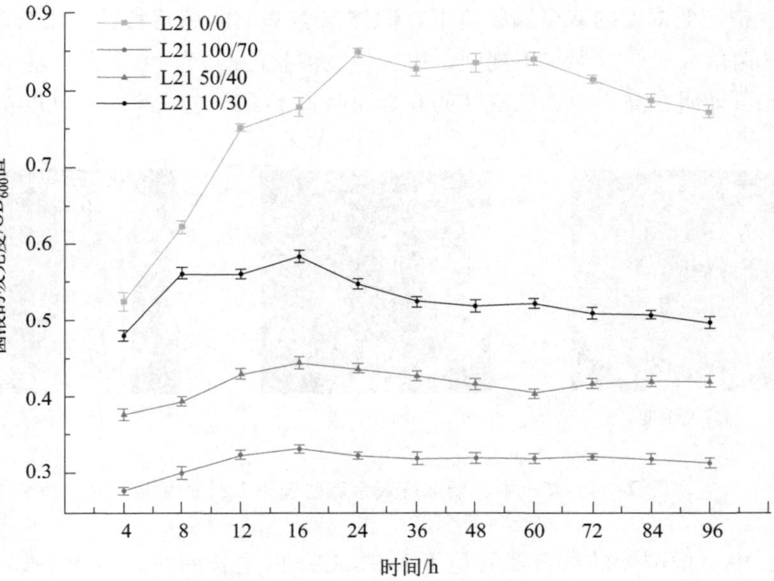

图 7-36　不同 Cd^{2+} 、 Cr^{6+} 浓度下 L21 生长曲线（*N*= 4）

0/0 代表培养基中 Cr^{6+} 、Cd^{2+} 浓度分别为 0；100/70 代表培养基中 Cr^{6+} 、Cd^{2+} 浓度分别为 100mg/L、70mg/L；50/40 代表培养基中 Cr^{6+} 、Cd^{2+} 浓度分别为 50mg/L、40mg/L；10/30 代表培养基中 Cr^{6+} 、Cd^{2+} 浓度分别为10mg/L、30mg/L

（6）两菌株的重金属的吸附特征。由图 7-37、图 7-38 可知：耐性细菌 W9 在培养至 60h 时对 Cd^{2+} 的去除率为 38.84%、吸附量为 7.06mg/(g・样品干重)；对 Cr^{6+} 的去除率为 23.09%、吸附量为 1.11mg/(g・样品干重)。培养至 84h 时对 Cd^{2+} 的去除率为 41.81%、吸附量为 12.64mg/(g・样品干重)；对 Cr^{6+} 的去除率为 33.34%、吸附量为 3.07mg/(g・样品干重)。

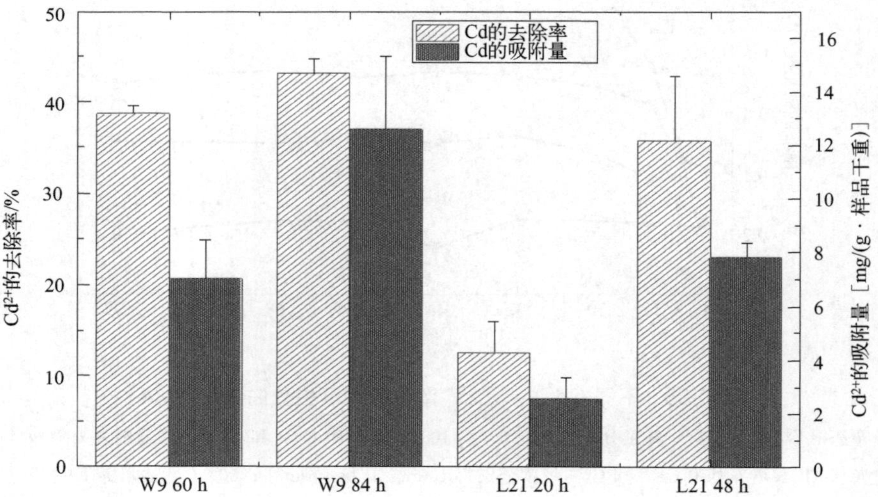

图 7-37　W9 和 L21 对 Cd^{2+} 的吸附量和去除率

酵母菌 L21 在培养至 20h 时对 Cd^{2+} 的去除率为 12.65%、吸附量为 2.59mg/(g·样品干重)；对 Cr^{6+} 的去除率为 8.85%、吸附量为 7.56mg/(g·样品干重)。培养至 48h 时对 Cd^{2+} 的去除率为 35.88%、吸附量为 7.88mg/(g·样品干重)；对 Cr^{6+} 的去除率为 7.35%、吸附量为 7.29mg/(g·样品干重)。

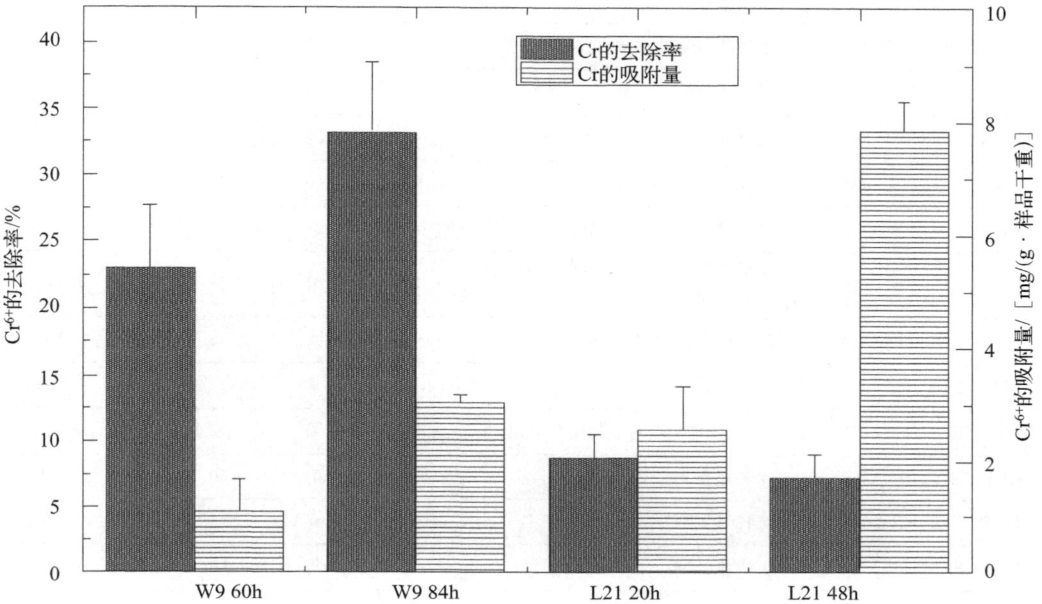

图 7-38 W9 和 L21 对 Cr^{6+} 的吸附量和去除率

综上，耐性细菌 W9 和酵母菌 L21 均对 Cd^{2+} 具有较高的去除率和吸附量；且 W9 对 Cd^{2+} 的去除率和吸附量明显优于 L21；L21 对 Cr^{6+} 的吸附量明显优于 W9。W9 在 84h 时对 Cd^{2+} 的去除率和吸附量与 60h 时比较有明显提升。L21 在 48h 时对 Cd^{2+} 的去除率和吸附量与 20h 时比较有明显提升。而对比发现 L21 在培养 20h 和培养 48h 时对于 Cr^{6+} 的去除率和吸附量均有少量下降，这可能是由于酵母菌在 20h 对 Cr^{6+} 的吸附已到达饱和状态，并将过量的 Cr^{6+} 通过特定方式外排导致。

7.9 根际微生物对重金属的响应机理探讨

课题组对耐性细菌 W9 和酵母菌 L21 试验组和空白组进行转录组测序，共测得基因数据 11482 个。其中耐性细菌 W9 基因 4058 个，酵母菌 L21 基因 7424 个。通过 Ca、Pb、Zn、Cd 等金属和离子泵等关键词对测序所得基因进行检索，筛选得到耐性细菌 W9 所测基因中与金属耐性相关基因 16 个。酵母菌 L21 所测基因中与金属耐性相关基因 8 个，详见表 7-20 和表 7-21。

表 7-20 W9 所测基因中与金属耐性相关基因

基因_id	基名称因	P_{adjust}	基因调控	基因表达量	总表达量的占比/‰
BURCE16_RS16965	锌金属蛋白酶 HtpX	9.9928*	下调	378.5	1.1307
BURCE16_RS15770	二价铁氧酶	6.1027*	下调	354.9	1.060
BURCE16_RS15995	吲哚丙酮酸铁氧还蛋白氧化还原酶家族蛋白	1.5220*	下调	110.7	0.3307
BURCE16_RS24310	琥珀酸脱氢酶铁硫亚基	2.6243*	下调	352.4	1.0525
BURCE16_RS11595	M3 家族金属肽酶	2.0803*	下调	92.2	0.2754
BURCE16_RS16565	铁氧还蛋白-NADP 还原酶	2.1439*	下调	218.7	0.6531
BURCE16_RS03635	四环素抗性转录抑制因子	4.9436*	上调	1.1	0.0033
BURCE16_RS30530	MBL 折叠金属水解酶	5.0382*	上调	3.4	0.0101
BURCE16_RS01280	吲哚丙酮酸铁氧还蛋白氧化还原酶家族蛋白	9.7429*	下调	24.4	0.0729
BURCE16_RS13310	铁硫簇载体蛋白 ApbC	5.9277*	下调	65.1	0.1944
BURCE16_RS11945	铁蛋白	7.4890*	下调	467.4	1.3961
BURCE16_RS14150	锌 ABC 转运蛋白底物结合蛋白	1.1574*	上调	8.1	0.0242
BURCE16_RS09590	钾转运蛋白	1.2853*	下调	70.5	0.2106
BURCE16_RS12010	铁转运蛋白	6.7780*	上调	95.9	0.2866
BURCE16_RS03545	亚铁螯合酶	2.7268*	上调	10.8	0.0323
BURCE16_RS14995	M48 家族金属蛋白酶	0.0002*	下调	103.8	0.3101

注：*表示基因表达上调或下调差异显著。

表 7-21 L21 所测基因中与金属耐性相关基因

基因_id	基名称因	P_{adjust}	基因调控	基因表达量	总表达量的占比/‰
TRINITY_DN90_c17_g3	锌离子结合	2.0561*	下调	554.7	0.5969
TRINITY_DN164_c3_g1	锌离子结合	6.6383*	下调	491.4	0.5288
TRINITY_DN7_c5_g1	铜转运蛋白在高亲和力铜转运中起作用的整体膜蛋白	5.4561*	上调	1980.6	2.1312
TRINITY_DN5358_c0_g2	锌离子结合	1.4759*	下调	521.2	0.5609
TRINITY_DN1304_c0_g1	钙通道蛋白	4.0971*	下调	3.64	0.0039
TRINITY_DN2220_c0_g1	钙转运 ATP 酶 2	0.0001*	上调	1.9	0.0020
TRINITY_DN237_c0_g1	胞质 Fe-S 簇组装因子 nbp35	0.0005*	上调	3.4	0.0037
TRINITY_DN8649_c0_g1	铜氧还蛋白	0.01918*	上调	0.1	0.0001

注：表中*表示基因表达上调或下调差异显著。

由表 7-20 可得：耐性细菌 W9 所测与金属相关基因中 BURCE16_RS11945（锌金属蛋白酶基因）下调表达量最多，为 467.4，占总表达量的 1.3961‰；基因 BURCE16_RS12010（铁运输蛋白基因）上调表达量最多，为 95.9，占总表达量的 0.2866‰。耐性细菌 W9 分别在 Cd^{2+} 和 Cr^{6+} 胁迫下菌体内铁运输蛋白基因表达量相较于无金属添加时显著增加。

关于菌株对于金属耐性机制和降毒机制的研究如下。

微生物在生长繁殖过程中产生的代谢物能够与重金属发生氧化还原反应，从而降低重金属离子的价态。例如，将 Cr^{6+} 还原为 Cr^{3+}，可以显著降低介质中的重金属毒性。进一步证明了此种降毒机制：一些菌株会释放有机酸和生物表面活性剂等物质降低土壤中 Cr 的生物有效性和毒性。

酵母菌解毒机制表明，在重金属 Cd 胁迫下，酵母菌会重构其含硫代谢通路并激活谷胱甘肽合成机制。这个过程导致谷胱甘肽的大量生成，对 Cd 的解毒起着至关重要的作用。将拟南芥的金属硫蛋白和天蓝遏蓝菜的金属硫蛋白在酿酒酵母细胞中表达后，酿酒酵母对 Cu^{2+}、Zn^{2+} 或 Cd^{2+} 等重金属抗性增加。在 Zn 过量培养基中培养外生菌根真菌 *S. bovinus* 会将大量的 Zn 外排到胞外，揭示了外排机制可作为真菌抵抗重金属胁迫的一个有效的机制。

真菌对于金属的耐受性存在外排机制，即真菌中位于质膜上的转运蛋白将胞内过量的金属离子转运到胞外；以及隔离机制，即位于液泡膜上的转运蛋白将胞质内的金属离子或整合态金属转运至液泡内固定。

菌株对金属的耐性可能与菌株某些特殊的机制相关，例如降毒机制和外排机制。降毒机制即通过产生的代谢物与重金属发生反应从而降低重金属的毒性作用；外排机制即在金属胁迫下产生特定的转运蛋白将金属离子外排至胞外。锌铁转运蛋白 SmZIP8 的表达量提高了抗氧化酶活性，促进了转基因植物对 Cd 的吸收、转运能力及抗性。

因此，推测耐性细菌 W9 对重金属的耐性机理可能为一种降毒机制，即在 Cd^{2+}、Cr^{6+} 胁迫下增加铁运输蛋白基因的表达，使由其编码的铁运输蛋白产量增多，与重金属离子结合发生反应从而降低重金属的毒性作用。

由表 7-21 可得：酵母菌 L21 所测与金属相关基因中基因 TRINITY_DN90_c17_g3（锌离子结合基因）下调表达量最多，为 554.7，占总表达量的 0.59691‰；基因 TRINITY_DN7_c5_g1（铜转运体蛋白基因）上调表达量最多为 1980.6，占总表达量的 2.1312‰。酵母菌 L21 在 Cd^{2+}、Cr^{6+} 胁迫下菌体内铜转运蛋白基因表达量相较于无金属添加时显著增加。

有学者研究发现，植物铜稳态的维持主要由吸收型铜转运蛋白和排出型铜转运蛋白协同作用完成，主要有铜转运蛋白、锌铁转运蛋白等。此类蛋白主要负责将铜离子进行跨膜运输使其进入细胞质或将铜离子泵出胞外。此外 Cu 和 Cd 通常都呈现＋2 价，常见盐类在水中的溶解性有一定相似性。例如，它们的硝酸盐、硫酸盐都能溶于水，而它们的碳酸盐、硫化物等则大多难溶于水。此外铜离子和镉离子对生物都具有一定的毒性。

基于上述分析，推测酵母菌 L21 对重金属的耐性机理可能为一种外排机制，即在胞外 Cd^{2+}、Cr^{6+} 过量时增加铜转运蛋白基因表达，使由其编码的铜转运蛋白产量增多，将过量的 Cd^{2+}、Cr^{6+} 外排，从而降低金属离子对菌株的毒性。

目前，用于研究重金属微生物修复的主要有真菌、藻类、放线菌、细菌等。林晓燕等通过富集培养、分离纯化从 Cd 污染稻田土壤中筛选到两株对 Cd 具有较高耐性和较强吸附能力的优势细菌——菌株 LCd1 和 LCd2，分别鉴定为铜绿假单胞菌（*Pseudomonas aeruginosa*）和阴沟肠杆菌（*Enterobacter cloacae*）。

研究人员从 Cd 污染土壤中筛选分离出 3 种耐镉细菌：大肠杆菌、芽孢杆菌和蜡样芽孢杆菌，将其分别接种至人工模拟 Cd 污染土样中，进行电动-微生物联合修复试验，发现接种菌株的试验组相比于传统电动修复，Cd 去除率增加的同时还可降低单位修复能耗。研究人员设计了带有沉积物剖面取样装置的柱状反应器，研究在 270d 的监测期内，硫酸盐还原菌

(SBR) 生物修复 Cd 污染沉积物过程中，沉积物剖面不同深度的 Cd 形态、不稳定 S^{2-} 和微生物群落的变化。结果表明，原位 SBR 生物修复可以有效长期抑制污染沉积物中 Cd 释放和生物毒性带来的风险。郭峰等采集 Cd 污染区域生长的超富集植物伴矿景天，从中筛选得到 2 株耐镉能力较强的菌株，鉴定为无色杆菌和伯克霍尔德菌，最高耐受浓度分别达 800mg/kg 和 850mg/kg；从栉孔扇贝内脏团中分离、纯化了 2 株耐镉细菌（分别是硝酸还原菌属和鲁杰菌属），在固体培养基上能耐受的 Cd^{2+} 浓度分别为 100mg/kg 和 80mg/kg。

相较于以上菌株，本书所筛选出的菌株耐镉能力中等，这可能是因为在土壤、植物和动物中生长的耐镉菌株的生长特性不同，同时在环境因子的影响下菌株生长存在适应性调整过程，所以对 Cd^{2+} 的最高耐受浓度不同。

在微生物修复技术方面的研究不仅仅局限于菌种资源方面，还有一些研究针对其作用机理和影响因素等其他方面都进行了阐述。微生物对重金属的作用机理复杂多样，因微生物种类、重金属形态不同而呈现出不同的作用机制，总体上包括吸附、溶解、转化三类。其中微生物对重金属的吸附是一个很复杂的过程。细菌可通过多种方式吸附重金属，例如表面吸附、胞内积累及胞外沉淀作用等，从而降低重金属在土壤或水体中的活性和毒性。有学者认为细胞壁化学基团的离子交换作用是芽孢杆菌（*Bacillus* sp.）吸附去除水体重金属（Cu^{2+}、Pb^{2+} 等）的主要机制。

有学者采用富集培养法从污染样品中筛选出金属耐性真菌，并对其进行吸附稀土-重金属的特性分析得出，所有分离菌株对 La^{3+} 的吸附率均显著高于 Zn^{2+}，其中 *Aspergillus* sp. B6-3 对 La^{3+} 和 Zn^{2+} 的吸附率最高，分别为 19.7%和 3.9%。对鞘细菌吸附 Cr^{6+} 的性能研究中，利用扫描电镜（SEM）、傅里叶红外光谱（FTIR）等手段分析了其对铬离子吸附前后菌体特征的变化，结果表明，在 20mL 吸附体系中，1mL 菌液（菌体浓度为 2g/L）添加量，30mg/L 的 Cr^{6+} 初始浓度，初始 pH 值为 7，吸附温度为 35℃，吸附时间为 180min，菌体对铬离子的去除率和吸附量分别为 83.17%和 2.51mg/g。同时，研究发现真菌形成的一个联合体可以有效去除 As、Mn、Cr、Cu，去除率分别为 77%、71%、60%、52%。在生物大分子层面，将 7 种拟南芥金属硫蛋白和 4 种天蓝遏蓝菜金属硫蛋白在酿酒酵母细胞中表达后，酿酒酵母对 Cu^{2+}、Zn^{2+} 或 Cd^{2+} 等重金属抗性增加。酵母属、假丝酵母属、毕赤酵母属中的多种酵母菌对重金属具有很高的抗性，低浓度的 Zn^{2+} 能够提高酵母菌的生物量，高浓度的 Zn^{2+} 则会降低其生物量。Zn^{2+} 会影响酵母菌细胞形态，且高浓度的 Zn^{2+} 导致细胞破碎，为应用活性酵母菌于重金属污染环境的治理修复提供了理论依据。

7.10 重金属耐性微生物的促植物生长特性

7.10.1 耐性细菌的促植物生长特性

（1）固氮能力。如图 7-39 所示，从分离的 14 株重金属耐性细菌中发现，菌株 1-Cd-1 和 1-Cd-2 能在阿须贝氏培养基上生长，表明这两株根际细菌具有固氮能力。

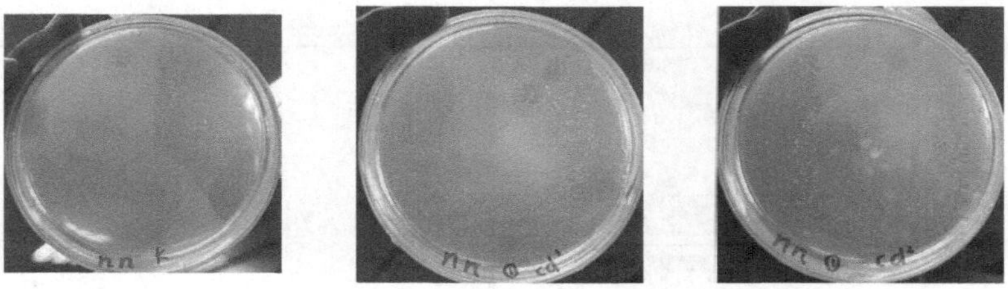

(a) CK　　(b) 1-Cd-1菌株　　(c) 1-Cd-2菌株

图 7-39　固氮能力筛选结果

（2）溶磷能力。由表 7-22 可知，14 株分离菌株中，菌株 1-Cd-1、1-Cd-2、1-Zn、2-Zn-1、2-Cd、3-Cd、3-Zn、4-Zn、4-Cd 能在培养基上生长，出现透明圈，表明这 9 株根际真菌具有溶磷能力。

表 7-22　重金属耐性细菌溶磷能力筛选结果

菌株	结果	详情	菌株	结果	详情
空白	−		2-Cd	+	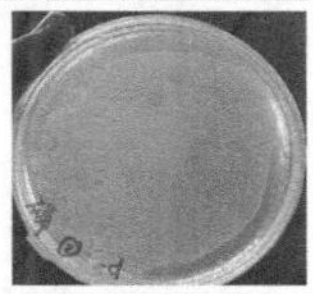
1-Cd-1	+	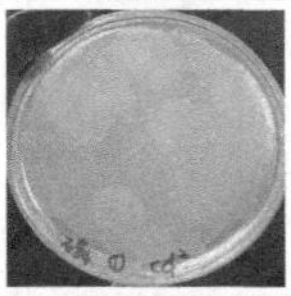	3-Cd	+	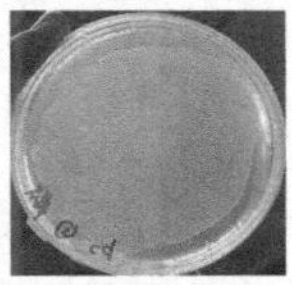
1-Cd-2	+	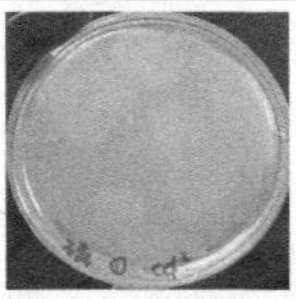	3-Pb	−	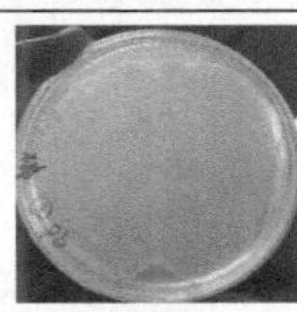
1-Pb	−	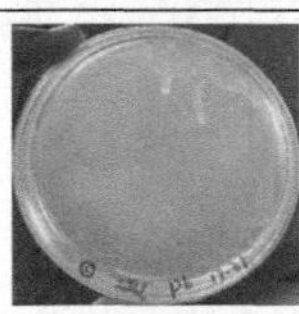	3-Zn	+	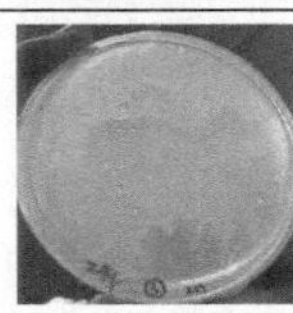
1-Zn	+	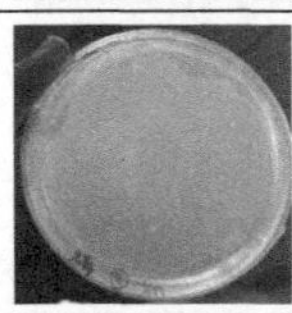	4-Zn	+	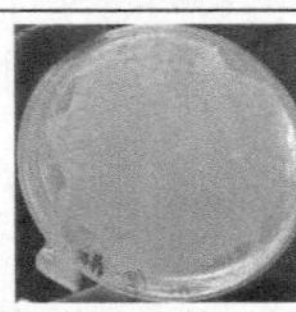
2-Zn-1	+	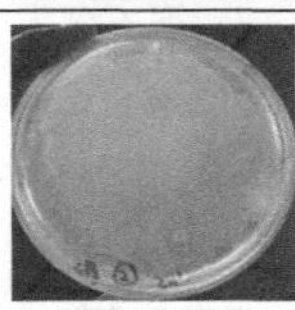	4-Cd	+	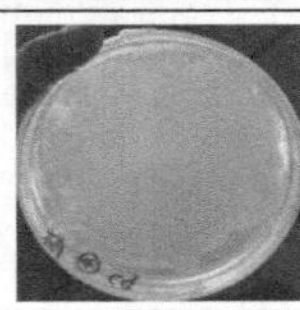

续表

菌株	结果	详情	菌株	结果	详情
2-Zn-2	－	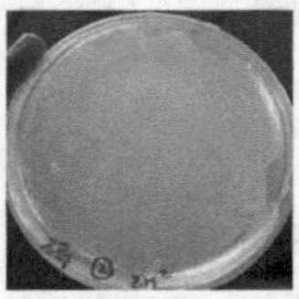	4-Pb	－	
2-Pb	－	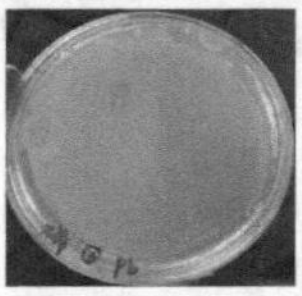			

注：＋表示有透明圈，有溶磷能力；－表示无透明圈，没有溶磷能力。不同菌株的重金属耐性程度分别为：1-Cd-1 是 400mg/L；1-Cd-2 是 500mg/L；2-Cd 是 1000mg/L；3-Cd 是 1400mg/L；4-Cd 是 1600mg/L；1-Zn 是 900mg/L；2-Zn-1 是 1700mg/L；2-Zn-2 是 1800mg/L；3-Zn 是 1700mg/L；4-Zn 是 1900mg/L；1-Pb 是 900mg/L；2-Pb 是 1100mg/L；3-Pb 是 1200mg/L；4-Pb 是 900mg/L，下同。

（3）铁载体分泌。由表 7-23 可知，14 株分离菌株中，菌株 1-Cd-1、1-Cd-2、1-Zn，2-Zn-1、2-Cd、3-Zn、4-Zn、4-Cd、3-Pb、4-Pb 能在 CAS 培养基上产生橙黄色透明圈，表明这 10 株菌具有分泌铁载体的能力。

表 7-23　重金属耐性细菌铁载体分泌筛选结果

菌株	结果	详情	菌株	结果	详情
空白	－	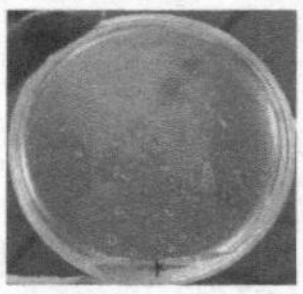	2-Zn-1	＋	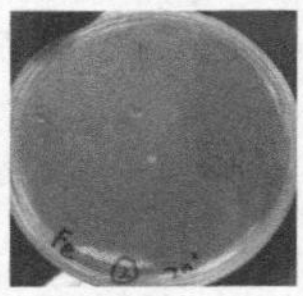
1-Zn	＋	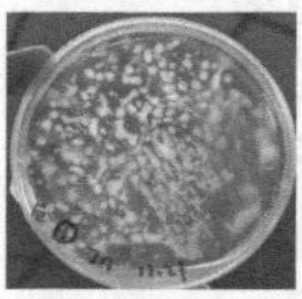	2-Zn-2	－	
1-Cd-1	＋	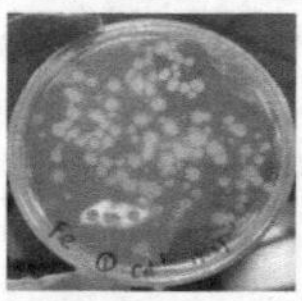	2-Cd	＋	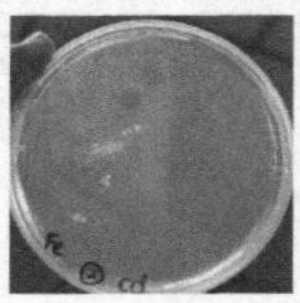
1-Cd-2	＋	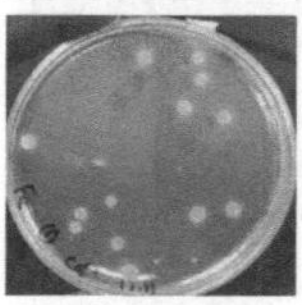	2-Pb	－	
1-Pb	－		4-Zn	＋	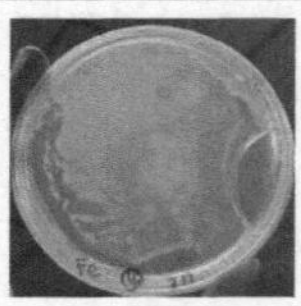

续表

菌株	结果	详情	菌株	结果	详情
3-Zn	+	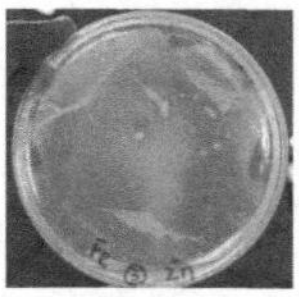	4-Cd	−	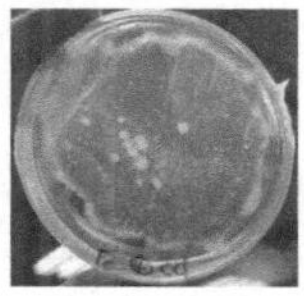
3-Pb	+	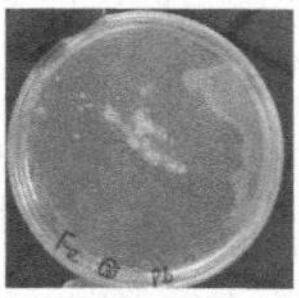	4-Pb	+	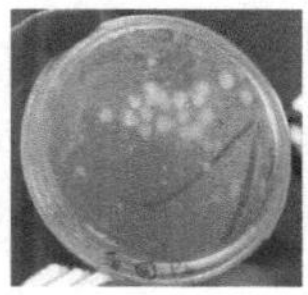
3-Cd	−	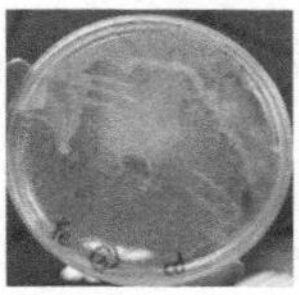			

(4) 吲哚乙酸 (IAA) 分泌。14 株分离菌株，每种细菌分离株的上清液 1mL 与 1.5mL Salkowski 试剂混合，并在黑暗中孵育 30min。上清液呈粉红色表明细菌产生 IAA。由表 7-24 可知，菌株 1-Zn、1-Cd-1、1-Cd-2、2-Zn-1、2-Zn-2、2-Cd、2-Pb、3-Cd、3-Pb、3-Zn、4-Zn、4-Pb、4-Cd 产生了 IAA。

表 7-24　重金属耐性细菌吲哚乙酸分泌筛选结果

菌株	含色氨酸	无色氨酸	详情	菌株	含色氨酸	无色氨酸	详情
空白	−	−		2-Zn-1	+	−	
1-Zn	+	−		2-Zn-2	+	−	
1-Cd-1	+	−	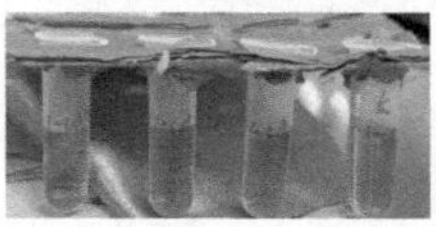	2-Pb	+	−	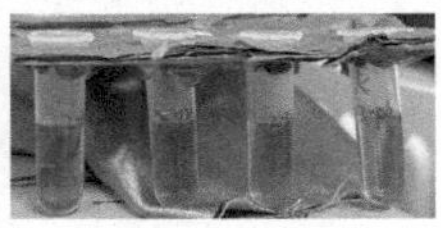
1-Cd-2	+	−		2-Cd	+	−	
1-Pb	+	−		4-Zn	+	−	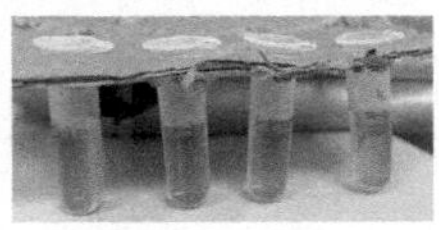
3-Zn	+	−		4-Cd	−	−	

续表

菌株	含色氨酸	无色氨酸	详情	菌株	含色氨酸	无色氨酸	详情
3-Cd	+	−	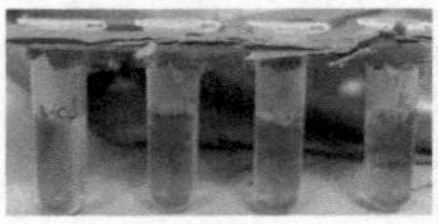	4-Pb	+	−	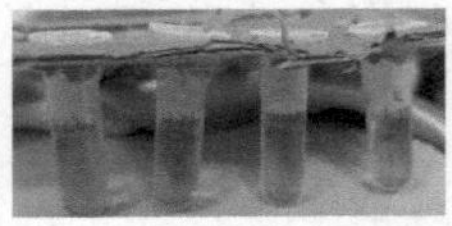
3-Pb			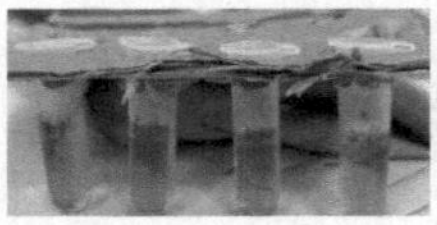				

对 14 株耐性细菌的促植物生长特性汇总，详见表 7-25。由表 7-25 可知，同时具有固氮能力、溶磷能力、产铁载体能力和产 IAA 能力的菌株有两株，分别为菌株 1-Cd-1 和 1-Cd-2。

表 7-25　重金属耐性细菌的促植物生长特性汇总

促植物生长特性	菌株													
	1-Zn	1-Cd-1	1-Cd-2	1-Pb	2-Zn-1	2-Zn-2	2-Cd	2-Pb	3-Pb	3-Cd	3-Zn	4-Zn	4-Pb	4-Cd
固氮能力		+	+											
溶磷能力	+	+	+	−	+	−	+	−		+	+	+		+
产铁载体	+	+	+	−	+	−	+	−	+	−	+	+	+	+
产 IAA	+	+	+	−	+	+	+	+	+	+	+	+	+	+

7.10.2　耐性霉菌的促植物生长特性

分离到了 14 株重金属耐性霉菌，菌落形态详见表 7-26。

表 7-26　14 株重金属耐性霉菌的菌落形态

菌株	详情	菌株	详情
1-z	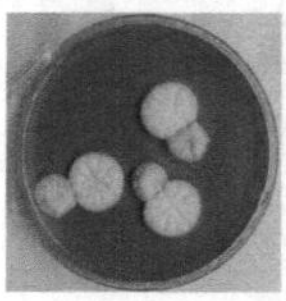	3-c	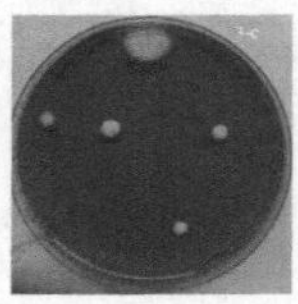
1-c	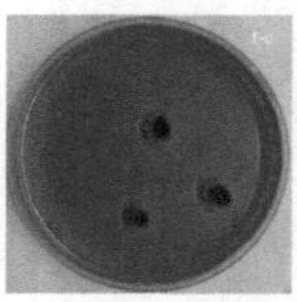	3-p-1	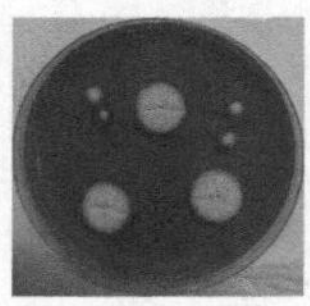
1-p-1	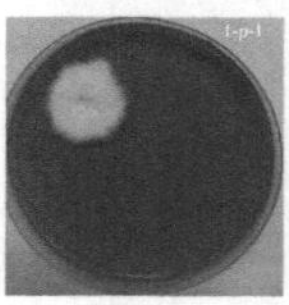	3-p-2	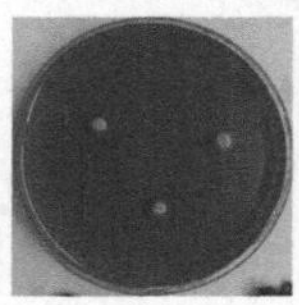

续表

菌株	详情	菌株	详情
1-p-2	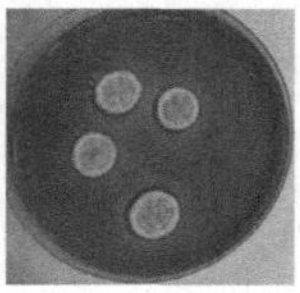	4-z-2	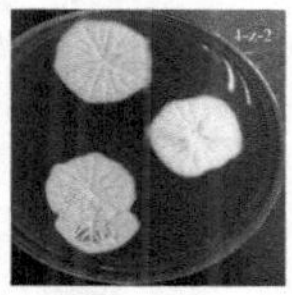
2-z-2	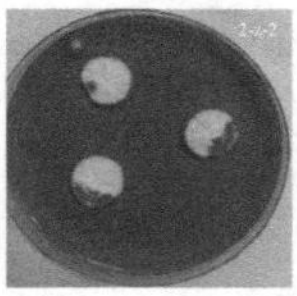	4-z-3	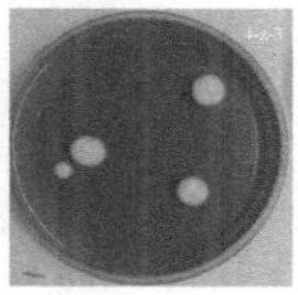
2-p	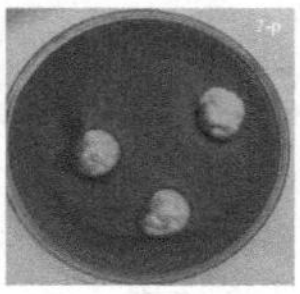	4-c	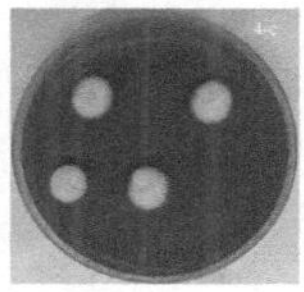
3-z	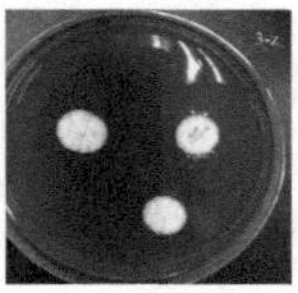	4-p	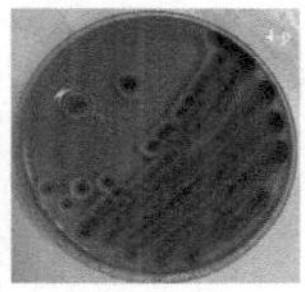

（1）固氮能力。如图 7-40 所示，从分离的 14 株重金属耐性霉菌中发现，菌株 1-p-1、1-p-2、2-z-2、2-p、3-z、3-p-1、3-p-2 和 4-c 能在阿须贝氏培养基上生长，表明这 8 株根际霉菌具有固氮能力。

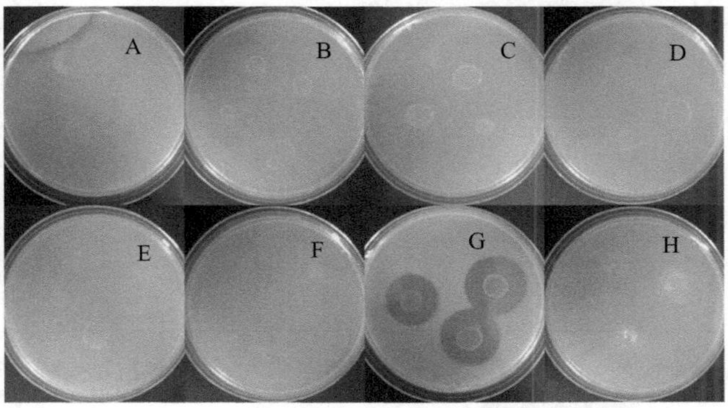

图 7-40　分离霉菌固氮能力筛选结果

A～H 分别为菌株 1-p-1、1-p-2、2-z-2、2-p、3-z、3-p-1、3-p-2、4-c

（2）溶磷能力。由图 7-41 可知，14 株分离霉菌中，菌株 1-p-1、2-z-2、2-p、3-c、3-p-1、3-p-2 和 4-z-2 能在 NBRIP 培养基上生长，且产生了透明圈，表明这 7 株根际霉菌具有溶磷能力。

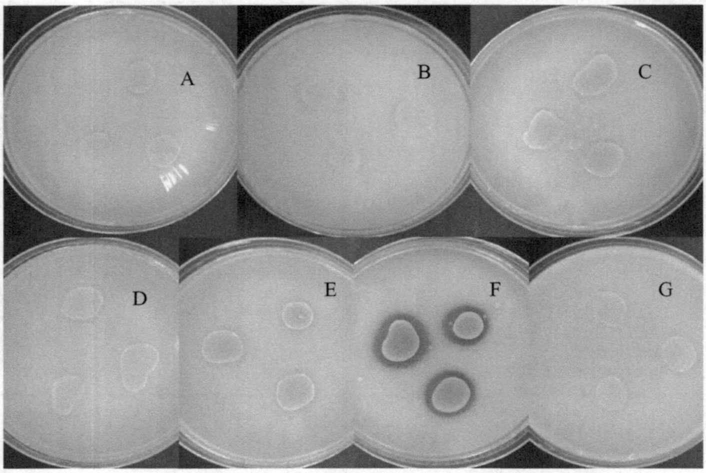

图 7-41　分离霉菌溶磷能力筛选结果

A～G 分别为菌株 1-p-1、2-z-2、2-p、3-c、3-p-1、3-p-2、4-z-2

（3）铁载体分泌。如表 7-27 所示，14 个霉菌的菌株都能在 CAS 培养基上产生橙黄色透明圈，结果表明其均具有产铁载体的能力。

表 7-27　重金属耐性霉菌铁载体分泌筛选结果

菌株	结果	详情	菌株	结果	详情
空白	－		3-z	＋	
1-z	＋	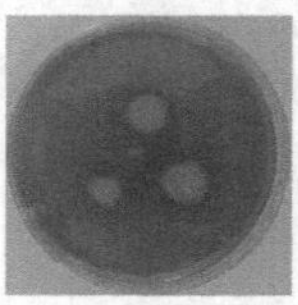	3-c	＋	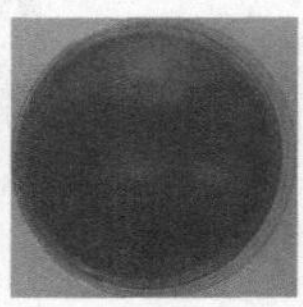
1-c	＋	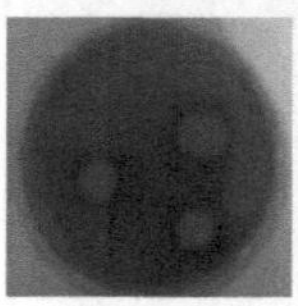	3-p-1	＋	
1-p-1	＋	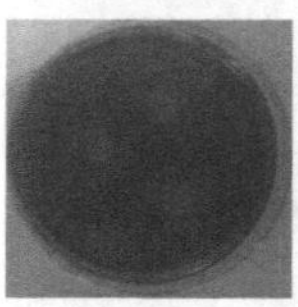	3-p-2	＋	

续表

菌株	结果	详情	菌株	结果	详情
1-p-2	+	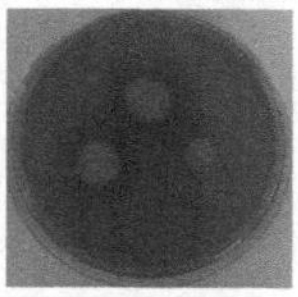	4-z-2	+	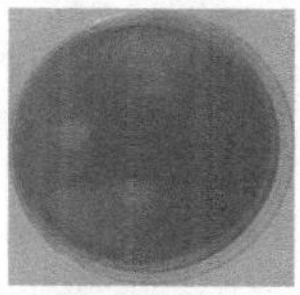
2-z-2	+		4-z-3	+	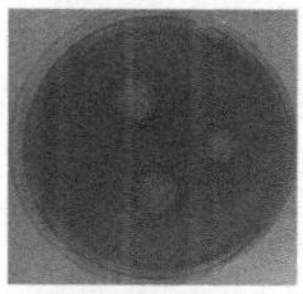
2-p	+		4-c	+	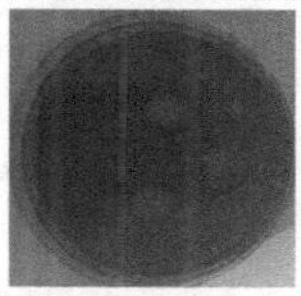
			4-p	+	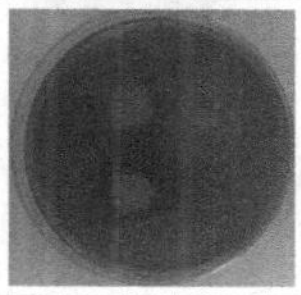

（4）吲哚乙酸（IAA）分泌。14 株分离菌株中，每种霉菌分离株的上清液 1mL 与 1.5mL Salkowski 试剂混合，并在黑暗中孵育 30min。由表 7-28 可知，14 个菌株在提供色氨酸的条件下，上清液呈粉红色，表明其均能够合成 IAA。

表 7-28　重金属耐性霉菌吲哚乙酸分泌筛选结果

菌株	含色氨酸	不含色氨酸	详情	菌株	含色氨酸	不含色氨酸	详情
空白	−	−	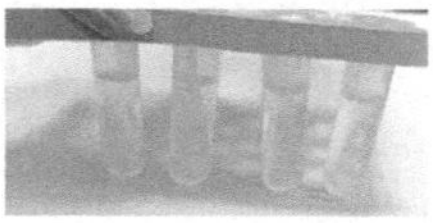	3-z	+	−	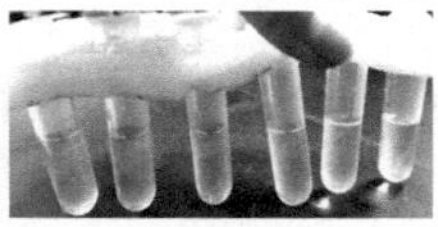
1-z	+	−	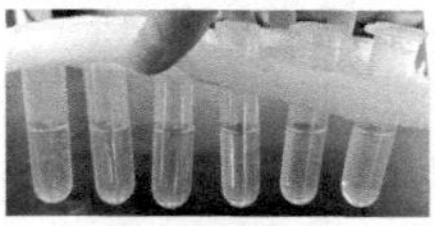	3-c	+	−	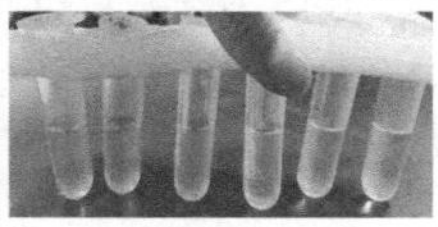
1-c	+	−	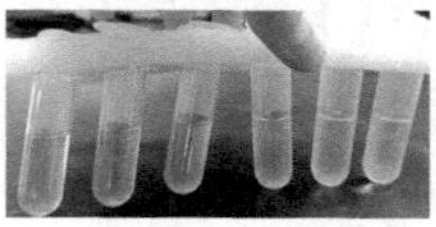	3-p-1	+	−	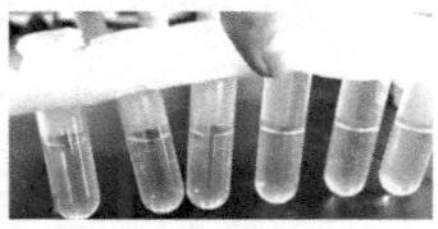
1-p-1	+	−	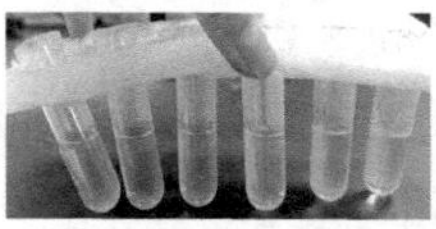	3-p-2	+	−	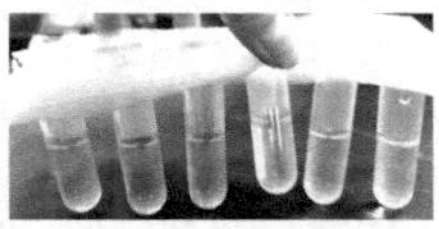
1-p-2	+	−	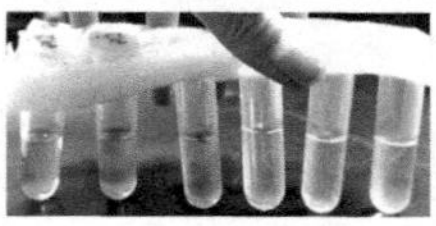	4-z-2	+	−	

续表

菌株	含色氨酸	不含色氨酸	详情	菌株	含色氨酸	不含色氨酸	详情
2-z-2	+	−	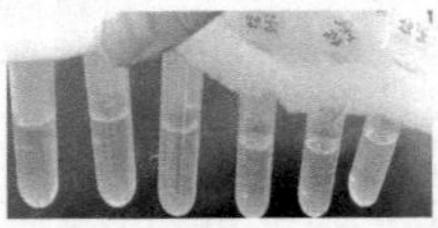	4-z-3	+	−	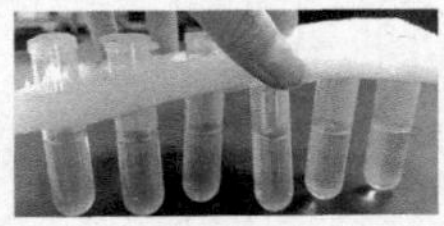
2-p	+	−	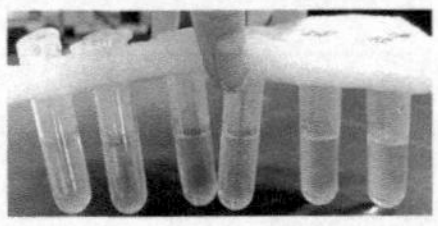	4-c	+	−	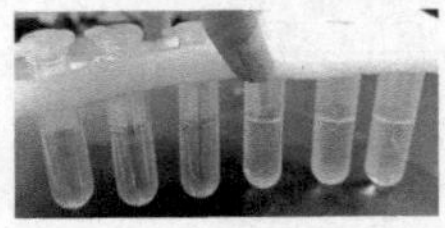
				4-p	+	−	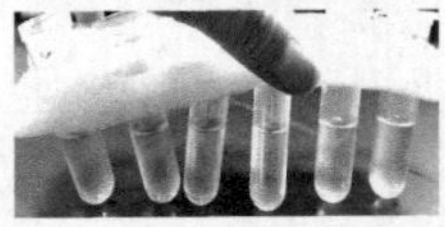

注：色氨酸是其IAA生物合成的必需前体。每个菌株接种6个离心管，左边三个添加了色氨酸；右边三个没有添加色氨酸。

对14株耐性霉菌的促植物生长特性汇总，详见表7-29。由表7-29可知，同时具有固氮能力、溶磷能力、产铁载体能力和产IAA能力的菌株有5株，分别为1-p-1、2-z-2、2-p、3-p-1、3-p-2。

表7-29　重金属耐性霉菌的促植物生长特性汇总

促植物生长特性	菌株													
	1-z	1-c	1-p-1	1-p-2	2-z-2	2-p	3-z	3-c	3-p-1	3-p-2	4-z-2	4-z-3	4-c	4-p
固氮			+	+	+	+	+		+	+			+	
溶磷			+		+	+		+	+	+	+			
产铁载体	+	+	+	+	+	+	+	+	+	+	+	+	+	+
产IAA	+	+	+	+	+	+	+	+	+	+	+	+	+	+

7.10.3　耐性酵母菌的促植物生长特性

（1）固氮能力。将从植物中分离出的单一无污染内生真菌，用打孔器打块放置于阿须贝氏固氮培养基，28℃培养7～10d，观察菌株的生长状况及形态特征，出现大型、黏稠、半透明，颜色呈白色、褐色或黑褐色的菌落，一般都是好氧性固氮菌。

如图7-42所示，从分离的重金属耐性酵母菌中发现，菌株1-Pb、2-Cd、3-Zn和1-Zn能在阿须贝氏培养基上生长，表明这4株根际细菌具有固氮能力。

（2）溶磷能力。无机磷培养基：$MnSO_4 \cdot H_2O$ 0.03g/L，$MgSO_4 \cdot 7H_2O$ 0.3g/L，KNO_3 0.76g/L，$FeSO_4 \cdot 7H_2O$ 0.03g/L，NaCl 0.3g/L，KCl 0.3g/L，蔗糖 10 g/L，$Ca_3(PO_4)_2$ 5.0g/L。并将培养基的pH值调整为7.5，配置后在115℃温度下灭菌处理30min。若加入琼脂粉20g/L，即可作为固体培养基。

溶磷菌株的初筛：将菌株分别接种到无机磷平板上，于28℃下恒温培养7天，然后用游标卡尺测量菌落直径（d）及溶磷圈直径（D）。若$D/d>1$，则表明该菌株有较好的溶磷效果。

由图7-43可知，分离重金属的酵母菌中，菌株1-Zn、2-Cd、3-Zn和1-Pb能在培养基上生长出现透明圈，表明这 4 株根际酵母菌具有溶磷能力，只是菌株 1-Pb 具有溶磷能力，但溶磷能力较差。

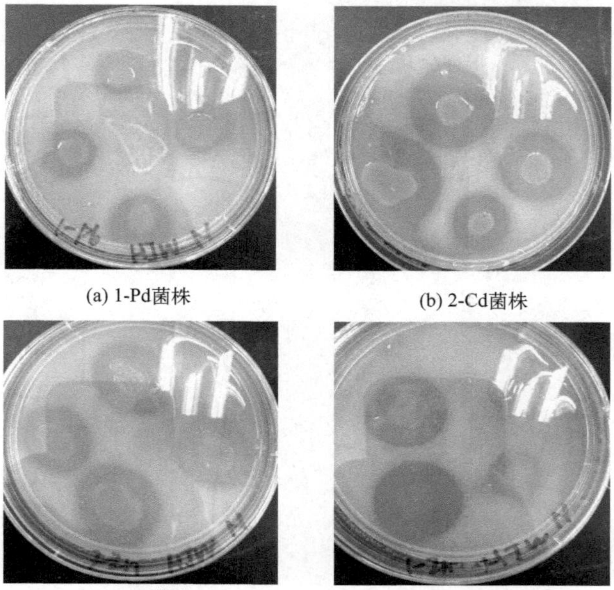

(a) 1-Pd菌株　(b) 2-Cd菌株　(c) 3-Zn菌株　(d) 1-Zn菌株

图 7-42　固氮能力筛选结果

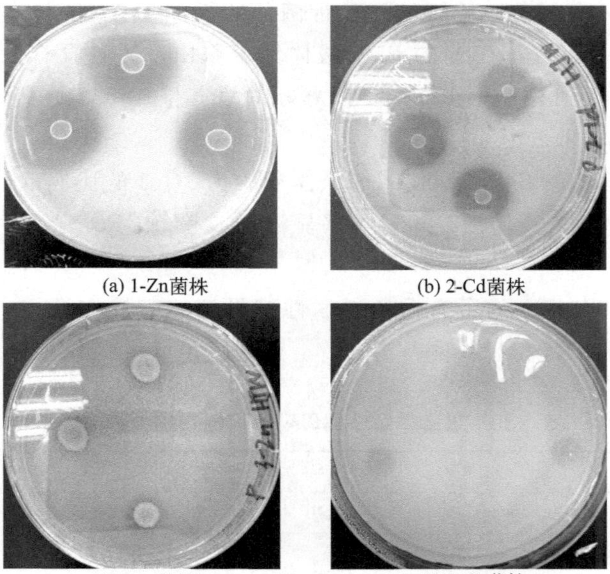

(a) 1-Zn菌株　(b) 2-Cd菌株　(c) 3-Zn菌株　(d) 1-Pb菌株

图 7-43　重金属耐性酵母菌溶磷能力筛选结果

（3）铁载体分泌。由图 7-44 可知，分离的酵母菌中，菌株 1-Zn、1-Cd、3-Zn 和 1-Pb 能在 CAS 培养基上产生橙黄色透明圈，表明这 4 株菌具有分泌铁载体的能力，只是菌株

1-Zn 的分泌能力较弱。

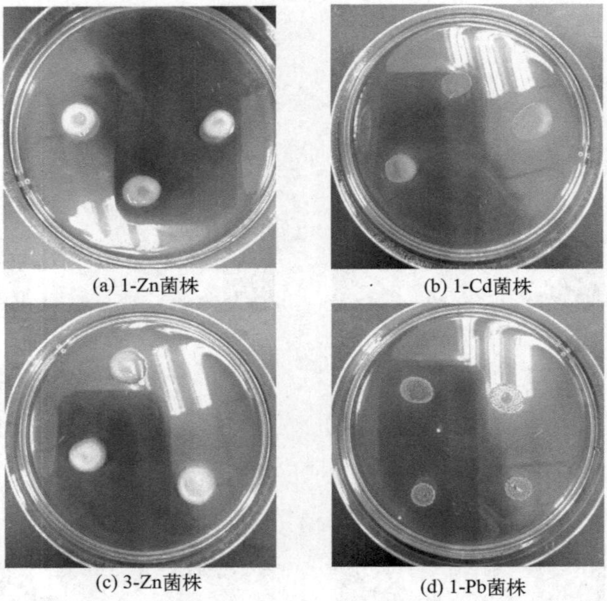

图 7-44　重金属耐性酵母菌铁载体分泌筛选结果

（4）吲哚乙酸（IAA）分泌。Salkowski 比色法：Salkowski 试剂以 35% $HClO_4$ 溶液和 0.5mol/L $FeCl_3$ 溶液以 50∶1 的比例混合。

酵母菌液体培养物制备：长势较好且带菌丝的固体培养基，转移到 100mg/L L-Try 的 PDB 液体培养基和不含 L-Try 的 PDB 液体培养基内，设置含有无菌水的 PDB 培养基为对照，28℃、180r/min 摇床培养 7d，发酵好的培养液放入离心机，40℃、10000r/min 离心 20min。

酵母菌液体培养物与 Salkowski 试剂以体积比为 1∶2 的比例混合均匀。室温避光条件下静置孵育 30min，观察溶液是否显色（显粉色或粉红色），若显色说明该菌株可以分泌吲哚类物质。

试验结果显示，分离到的所有重金属耐性酵母菌的菌株均没有产生 IAA。重金属耐性酵母菌的促植物生长特性汇总见表 7-30。

表 7-30　重金属耐性酵母菌的促植物生长特性汇总

促植物生长特性	菌株			
	1-Zn	1-Pb	2-Cd	3-Zn
固氮	+	+	+	+
溶磷	+	+	+	+
铁载体	+	+	+	+
IAA	−	−	−	−

综上，接骨草根际分泌物的刺激，对根际环境的土壤养分和土壤酶活性以及重金属的

移动性和毒性产生了明显的根际效应，进而在重金属胁迫下会富集各种重金属耐性细菌和真菌、古菌。

同时，基因组中含有的Co/Zn/Cd外排系统增强了植物对Co/Zn/Cd的耐受性，接骨草本身也会通过根系吸收、植物体降解和稳定化将重金属固定，在植物-耐性微生物-土壤的共同作用下，将各种重金属固定，降低其毒性，降低土壤中重金属的含量，进而对重金属的有效性产生重要的影响，达到土壤重金属修复的目标。

第 8 章

生物炭对重金属污染土壤的修复

生物炭兼具土壤修复和碳封存的双重功效，在农业和生态领域正逐渐展现出可持续发展的巨大潜力。综合第 6 章和第 7 章的生物修复技术，本章引入生物炭材料强化修复效果。以核桃壳制备的生物炭为改良剂，通过土壤老化培养试验，分析其对煤矿区土壤中 Cu、Pb 的生物可利用性的降低作用，结合 BCR 连续提取法探究重金属形态转化机制，对比不同土地利用类型（茶园黄壤、蔬菜地紫色土）中生物炭的修复效率差异，阐明生物炭通过调节土壤 pH 值、阳离子交换容量（CEC）等理化性质固定重金属的原理，为矿区复合污染土壤的快速修复提供材料应用方案。

人类活动（例如采矿和提炼）造成的土壤重金属污染已引起全球广泛关注，并已成为亟待解决的环境问题。重金属因其持久性、不可生物降解性、生物累积性和高毒性等特性，对生物及其栖息地构成严重威胁。虽然 Cu 是生命过程必需的微量元素，但高浓度的 Cu 会降低作物的产量和叶绿素含量，并对人体的胃、肝脏和神经系统造成损害。目前已有报道，Pb 没有生理活性，即使在血液中达到痕量水平也表现出极强的毒性。土壤中重金属含量高，可能对地下水生态系统造成与金属迁移相关的长期风险。据报道，植物和茶叶很容易在受污染的土壤中积累重金属。因此，为了降低重金属进入食物链的风险，必须降低土壤中的生物利用度。

总体而言，化学稳定化修复改良剂能够通过一系列固定化反应（例如吸附、离子交换、络合和沉淀）降低污染土壤中重金属的迁移率和生物利用度。在限氧条件下，有机废物热解（300～700℃）产生的生物炭，由于其良好的性能和较低的成本，已在土壤重金属修复实践中得到广泛应用。

有学者通过联合施用绿化垃圾堆肥和生物炭改良剂，调控了铜矿旧址林地土壤中 Cu 和 Pb 的迁移，发现有机添加剂的联合施用降低了土壤中 Cu 和 Pb 含量。然而，外源改良剂对原污染基质的稀释是造成土壤中 Cu 和 Pb 含量降低的部分原因。值得注意的是，即使新输入的重金属在土壤金属库中的比例很小，但由于其迁移性，对作物具有很高的积累风险。因此，以生物可利用组分来评估污染土壤中重金属的变化更为合理。

通常采用单次提取来评估 HMs 的生物有效性。迄今为止，大量研究表明二乙烯三胺五乙酸（DTPA）可提取的土壤有效重金属被认为是植物吸收利用率最高的一种金属形态。此外，有研究采用顺序提取法测定不同处理条件下土壤重金属的分配和再分配情况。因此，采用合适的评价方法对新近污染土壤中的 Cu 和 Pb 进行固定化处理，以减轻其生态风险至关重要。

生物炭对土壤重金属的固定机制复杂。生物炭含有—OH、—COOH、—C═O 和—C═N—等功能基团，可为 HMs 提供结合位点。这些相互作用降低了土壤中 HMs 的可迁移分数，从而避免了其对植物的潜在毒性。例如，添加生物炭促进了 Cd 和 Pb 从可还原及酸溶形态转化为可氧化和残留形态，从而降低它们在土壤中的有效性。此外，添加生物炭还可以通过改变土壤 pH 值、CEC、SOC 等理化性质或土壤质地间接影响土壤 HMs 的迁移和转化行为。已有研究表明，添加生物炭可有效降低受污染水稻土、红壤土和砂壤土中 Cu 或 Pb 的生物有效性和迁移率。川渝经济区是我国重金属污染高风险集中分布区之一。然而，生物炭在复合污染土壤修复中的应用研究较少，尤其针对不同土地利用方式导致的土壤性质差异。

为探究生物炭对农田土壤重金属迁移率、生物有效性及土壤性质的影响，研究人员开展了 Cu、Pb 复合污染土壤的培养研究，探讨生物炭修复新近重金属污染土壤的效果及潜在机理。具体而言，重点研究重金属、生物炭与不同土地利用类型土壤之间的相互作用，为利用生物炭修复重金属污染土壤提供理论指导。

以核桃壳废弃物为原料，研究人员通过简易热解耦合原位碱蚀法制备了一种多孔生物炭。通过培养研究，探讨了其在不同利用方式下稳定铜（Cu）和铅（Pb）共污染土壤的效果。结果表明，生物炭有效降低了两种土壤中 Cu（8.5%～91.68%）和 Pb（5.03%～88.54%）的生物可利用度，同时提高了土壤 pH 值、CEC 和土壤有机质（SOM）含量。此外，连续浸提试验结果证实，生物炭促进了 Cu 和 Pb 的不稳定组分向稳定组分的转化。Cu 和 Pb 的稳定化机制与土壤类型密切相关。对于茶园黄壤，其主要稳定途径是利用丰富的有机官能团和去质子化结构与重金属络合。表面静电吸附和阳离子交换有助于蔬菜种植紫色土中 Cu 和 Pb 的固定化，详见图 8-1。本研究为利用环境友好型生物炭对不同利用方式的 Cu、Pb 复合污染土壤进行稳定化提供了有价值的信息。

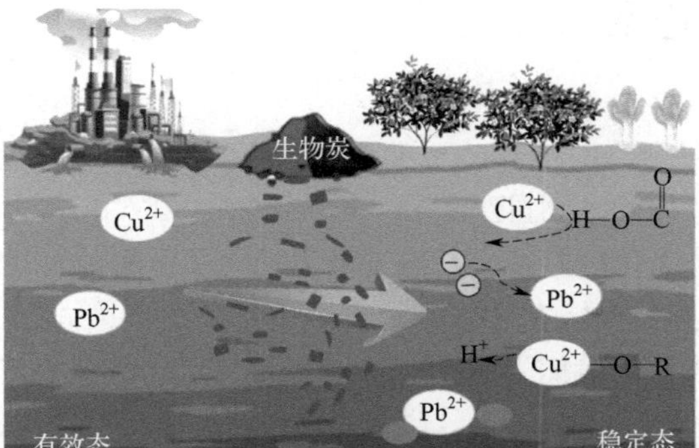

图 8-1　生物炭对重金属污染土壤的修复机理示意

8.1 土壤准备与表征

在 0～20cm 深度随机采集两类典型农业土壤：黄壤（标记为 Y）和紫色土（标记为 P）。Y 和 P 土壤分别来自重庆市历史悠久的某茶园地和某蔬菜种植地。为获得均匀的样品，将土壤风干 2 周，研磨，过 2mm 筛备用。两类试验土壤均受到非自然污染，Cu 含量分别为 200mg/kg 和 120mg/kg，超过《土壤环境质量　农用地土壤污染风险管控标准》(GB 15618—2018) 的限值。根据先前的标准方法测定配制土壤的理化性质。土壤性质详情见表 8-1。Y 土壤呈酸性，有机质含量较高；P 土壤呈中性，CEC 和碳酸盐含量较高。

表 8-1　土壤的理化性质测试

土壤	pH 值	CEC/(cmol/kg)	SOM/(g/kg)	CO_3^{2-}/HCO_3^-/(mg/kg)	EC/(dS/m)	Cu/(mg/kg)	Pb/(mg/kg)
Y	4.53	1.91	36.74	25.37	0.12	202.36	119.61
P	6.57	3.25	26.43	28.05	0.16	200.82	120.35

8.2 生物炭制备与表征

核桃壳取自当地食品加工厂，经去离子水冲洗、风干后，用药物粉碎机研磨，过 0.15mm 筛。将原料核桃壳粉与碳酸钾按 1∶1 的质量比混合，在氮气保护下以 5℃/min 的升温速率在 500℃下热解 2h。冷却至室温后，用去离子水清洗所得生物炭（标记为 BC），并在 80℃下烘干 24h，然后置于防潮柜中备用。生物炭的形貌测量与表征采用场发射扫描电子显微镜（SEM）。生物炭的 BET 表面积和孔结构分析采用孔隙比表面积分析仪测量。生物炭的 C、N、H、S 元素含量采用元素分析仪测定。C 物种的表面价态通过 X 射线光电子能谱（XPS）测量获得，使用配备 Al Kα 射线源的能谱仪。

8.3 土壤老化培养

将制备好的生物炭按 0、1.5% 和 3% 的生物炭/土壤比例（质量比）添加到 2.0kg 受污染的黄壤或紫色土中，黄壤分别记为 YBC_0、$YBC_{1.5}$ 和 YBC_3，紫色土分别记为 PBC_0、$PBC_{1.5}$ 和 PBC_3。在整个老化培养其间，通过喷洒去离子水将处理过的土壤湿度保持在持水量的 60%。为了便于过程监测，在充分混合土壤后，分别于第 0 天、第 5 天、第 10 天、第 30 天和第 40 天从每个烧杯中采集土壤样品（约 5g）并进行测量。所有处理均重复三次。

8.4 土壤理化性质分析

土壤样品 pH 值采用梅特勒-托利多 FE28 型 pH 计测定，土水比为 1∶2.5（质量∶体积)，振摇 0.5h 后测定。CEC 采用乙酸铵法测定，SOM 采用重铬酸钾（$K_2Cr_2O_7$）外加热消解法测定，土壤碳酸盐采用盐酸反应结合碳酸钙转化法测定。

采用单一提取法测定不同培养时间采集的生物炭处理土壤和对照土壤样品中 Cu 和 Pb 的有效性。按照国家标准《土壤质量有效态铅和镉的测定原子吸收法》（GB/T 23739—2009）中规定的步骤，用 DTPA 溶液萃取土壤有效态铜和铅。同时，采用典型的欧盟参考标准局（EU-BCR）顺序萃取程序，分析了不同生物炭用量处理的两种土壤中铜和铅的形态。具体而言，根据土壤中 Cu、Pb 在乙酸（0.11mol/L CH_3COOH）、盐酸羟胺（0.5mol/L $NH_2OH \cdot HCl$，pH = 2.2）、过氧化氢 + 乙酸铵（8.8mol/L H_2O_2 + CH_3COONH_4，pH=2.0）和混合酸消解（HF+HCl+$HClO_4$+HNO_3）提取液中的浓度，将土壤中 Cu、Pb 分为弱酸溶性（F_1）、可还原性（F_2）、可氧化性（F_3）和残渣性（F_4）态，用电感耦合等离子体原子吸收光谱仪（ICP-AAS，Hitachi-FAAS Z-5000）测定上述提取液中 Cu、Pb 的含量。

分析结果取三次重复的平均值。采用 SPSS Statistics 26.0 中的单因素方差分析，对不同生物炭处理间土壤性质、生物可利用 Cu 和 Pb 含量的统计学显著性进行分析。均值比较采用 Duncan 氏多元极差检验，显著性水平为 5%（$P<0.05$）。为了阐明生物炭和老化对重金属固定化和转化的影响，使用 Origin 23.0 版本进行了相关性分析。

8.5 生物炭性质分析

图 8-2(a)～(c) 展示了利用 SEM 测得的生物炭剖面微形貌。可以清晰地看出，生物炭表面粗糙，孔隙结构发达，且三维连通。如图 8-2(d) 所示，BET 分析证实了其巨大的比表面积。尤其是在相对压力（P/P_0）0～0.08 的 N_2 吸附快速阶段，表现出典型的 I 型吸附等温线特征，表明存在大量微孔。BC 材料的比表面积为 948.28m^2/g，总孔容为 0.45cm^3/g，平均孔径为 1.88nm。值得一提的是，优异的孔结构是生物炭吸附重金属的关键。为了进一步了解生物炭材料的表面键合状态和化学环境，进行了 X 射线光电子能谱（XPS）表征，如图 8-2(e) 所示。BC 中的三个 C1s 反卷积峰［图 8-2(e)］表明在 284.5eV、285.9eV 和 289.5eV 处存在碳-碳/氧键，分别归因于芳环中的 C═C、环氧基中的 C—C/C—O 和羧基官能团中的 C═O 键。同时，傅里叶变换红外光谱（FTIR）测量也证实了类似的结果，该光谱被认为是表征官能团的重要工具。炭黑的 FTIR 光谱如图 8-2(f) 所示，1610cm^{-1}、1384cm^{-1} 和 1067cm^{-1} 处的特征峰分别对应于芳香族 C═C 伸缩振动（C═O 伸缩振动）、烷烃的 C—H 弯曲振动和烷氧基的 C—O 伸缩振动。值得注意的结果表明，炭黑材料中的碳原子大部分为芳香族碳原子。此外，在炭化过程中，烷基和羰基碳原子转化为芳香族碳原子，碳原子的 sp2 结构显著增强。这确保了炭黑在土壤修复和碳封存方面具有稳定的性能及功能性应用。

表 8-2 列出了新鲜生物炭材料的其他化学性质分析结果，主要包括 pH 值、CEC、元素含量和灰分含量。结果清楚地表明，生物炭的 pH 值为中性，这与本研究中的制备方法有关。它经过碱改性，然后用酸性溶剂清洗，因此 pH 值低于文献报道的生物炭碱性 pH 阈值。值得注意的是，在 500℃ 下热解的生物炭的 CEC 值（36.20cmol/kg）明显高于黄

壤和紫色土样品（表 8-2）。通常，生物炭 C 含量随热解温度的升高而增加，而 H 和 O 含量则降低。因此，H/C 和 O/C(质量比）的降低表明碳化程度增强，以 CO_2、CO 等形式释放含氧官能团。BC 的元素组成与 FTIR 光谱保持一致［图 8-2（f)］。

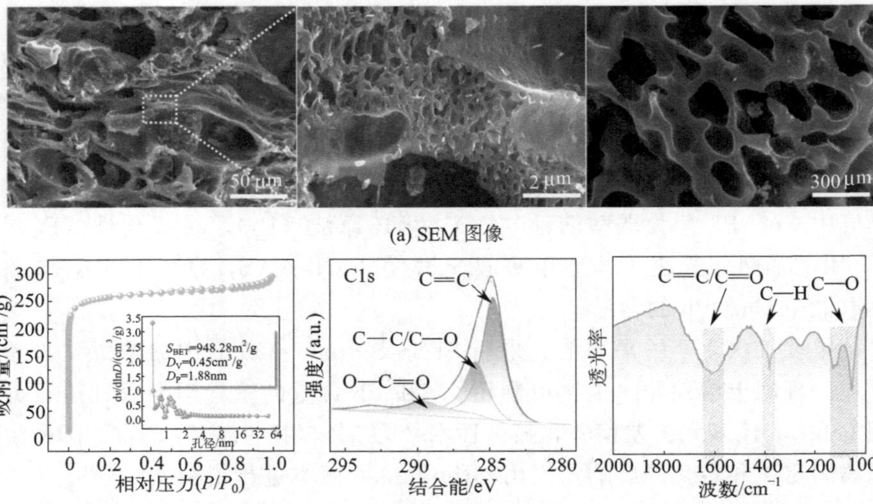

(a) SEM 图像

(b) N_2 吸脱附等温曲线及孔径分布

(c) XPS 测定C1s光谱

(d) FTIR 光谱

图 8-2 生物炭（BC）的结构特征图

表 8-2 新鲜生物炭材料的其他化学性质分析结果

生物炭	pH 值	CEC/(cmol/kg)	元素含量					灰分含量/%
			C/%	H/%	O/%	H/C	O/C	
BC	8.45	36.20	61.00	3.50	32.40	0.68	0.40	6.76

8.6 生物炭改良对土壤性质的影响

一般而言，生物炭的添加会对土壤性质产生一定的影响。如图 8-3 所示，可以看出生物炭施用对土壤 pH 值、CEC、SOM、碳酸盐（CO_3^{2-}）和重碳酸盐（HCO_3^{2-}）的影响。值得注意的是，与未施用生物炭的土壤相比，施用生物炭提高了 Y 土和 P 土的 pH 值和 CEC，且所有土壤的 pH 值和 CEC 均随着生物炭添加量的增加而显著升高。例如，在相同培养期，尤其是在 YBC_3 处理中，pH 值显著升高，最高可达 0.57～0.73 个单位［图 8-3(a)］。相比之下，由于 Y 土 pH 值相对较低，其 pH 值变化比 P 土更明显。这表明高 pH 值的生物炭对酸性土壤的调控作用显著优于中性土壤。值得注意的是，在施用生物炭的 Y 土中，土壤 pH 值在最初 10 天内略有上升，随后显著下降。土壤 pH 值的下降可能是由于培养过程中生物炭的碱度由于风化作用而降低所致。此外有研究表明，与中性和碱性土壤相比，在酸性土壤中添加生物炭在培养过程中更容易发生腐殖化，形成有机酸，并释放 CO_2。

在培养 30 天和 40 天时，施用生物炭对 P 土 CEC 值的影响是 Y 土的 1.24～11.78 倍［图 8-3(b)］。CEC 值代表土壤所带负电荷，它始终与土壤 pH 值相关。本研究中，P 土的 pH 值高于 Y 土（表 8-1），因此 BC 改良剂和土壤的羟基、羧基及其他含氧官能团的去质子化作用更强，带更多的负电荷。研究发现，随着培养时间的延长，施用生物炭的 P 土和 Y 土的 CEC 值稳步上升，并在 40 天时达到两个最大值（7.78cmol/kg 和 16.95cmol/kg）。这可能是由于随着时间的推移，生物炭通过非生物氧化作用增加了碳的羧化作用。此外，CEC 的显著增加可归因于生物炭的高表面积（948.28m^2/g）和多孔结构［图 8-2(d)］。

不同浓度 BC 处理土壤显著改善了 Y 土和 P 土的 SOM 状况。具体而言，Y 土 SOM 在第 5 天最多时从 56.74g/kg 增加到 137.85g/kg，而 P 土在相同条件下，SOM 含量较低，从 26.43g/kg 增加到 93.49g/kg［图 8-3(c)］。然而，随着培养期（5～40 天）的延长，两种 BC 处理土壤的 SOM 值均呈现不同程度的下降。与生物炭改良剂的矿化作用有关，与 pH 值和 CEC 的变化趋势一致。此外，如图 8-3(d) 所示，在添加 BC 后的前 5 天，两种土壤的碳酸盐含量均呈现明显增加，但随后随着培养时间的延长而逐渐下降。这种趋势与土壤 pH 值相似，这是由于碳酸盐诱导的碳酸盐-碳酸氢盐缓冲作用在影响土壤 pH 值方面起着重要作用。因此，研究结果证实，生物炭可以调节土壤的化学环境，特别是土壤 pH 值、可交换阳离子状态和有机化合物。

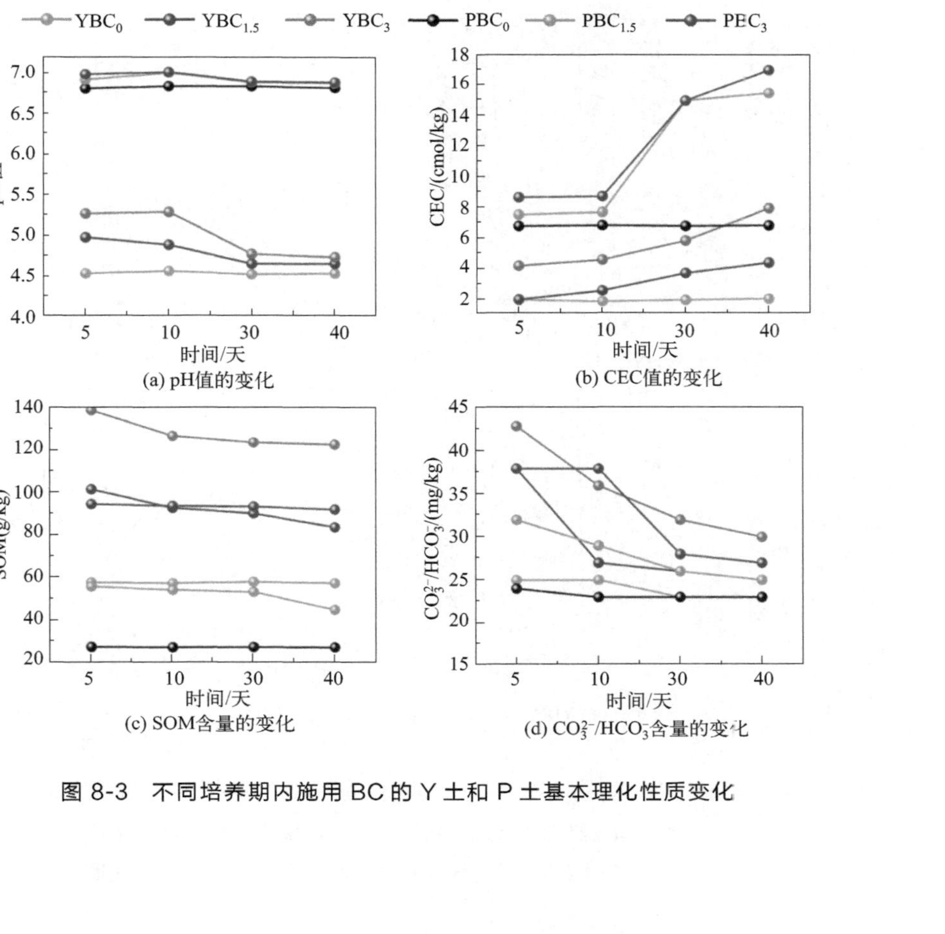

图 8-3 不同培养期内施用 BC 的 Y 土和 P 土基本理化性质变化

8.7 活性炭改良对土壤中 Cu 和 Pb 迁移率的影响

8.7.1 土壤中生物可利用 Cu 和 Pb

单次萃取是快速测定土壤中有效态重金属的常用方法，尤其适用于模拟植物对重金属的吸收。本研究观察到生物炭对 Y 土和 P 土中 DTPA 可萃取 Cu 和 Pb 含量的影响取决于 BC 的施用量和培养时间（图 8-4）。与对照相比，生物可利用 Cu 含量随时间显著降低，$YBC_{1.5}$ 处理中降低了 8.5%～19.78%，YBC_3 处理中降低了 12.48%～22.75%，$PBC_{1.5}$ 处理中降低了 25.02%～61.61%，PBC_3 处理中降低了 33.53%～60.42%[图 8-4(a) 和 (b)]。同时，在 40 天内可以观察到生物可利用 Pb 的显著降低，与未改良土壤相比，Y 土降低了 5.03%～27.6%，P 土降低了 14.51%～41.31% [图 8-4(c) 和 (d)]。添加 BC 引起土壤 CEC 显著增加 [图 8-3(b)]，导致 HMs 的吸附能力增强，这可以解释 Cu 和 Pb 的近似生物利用度的降低。相比之下，固定效率的差异归因于 Cu 和 Pb 的不同含量，这在多金属污染土壤中很常见。同样，有研究显示竹子和秸秆生物炭在降低土壤中 Cu 的生物可利用度方面比降低 Pb 更有效。

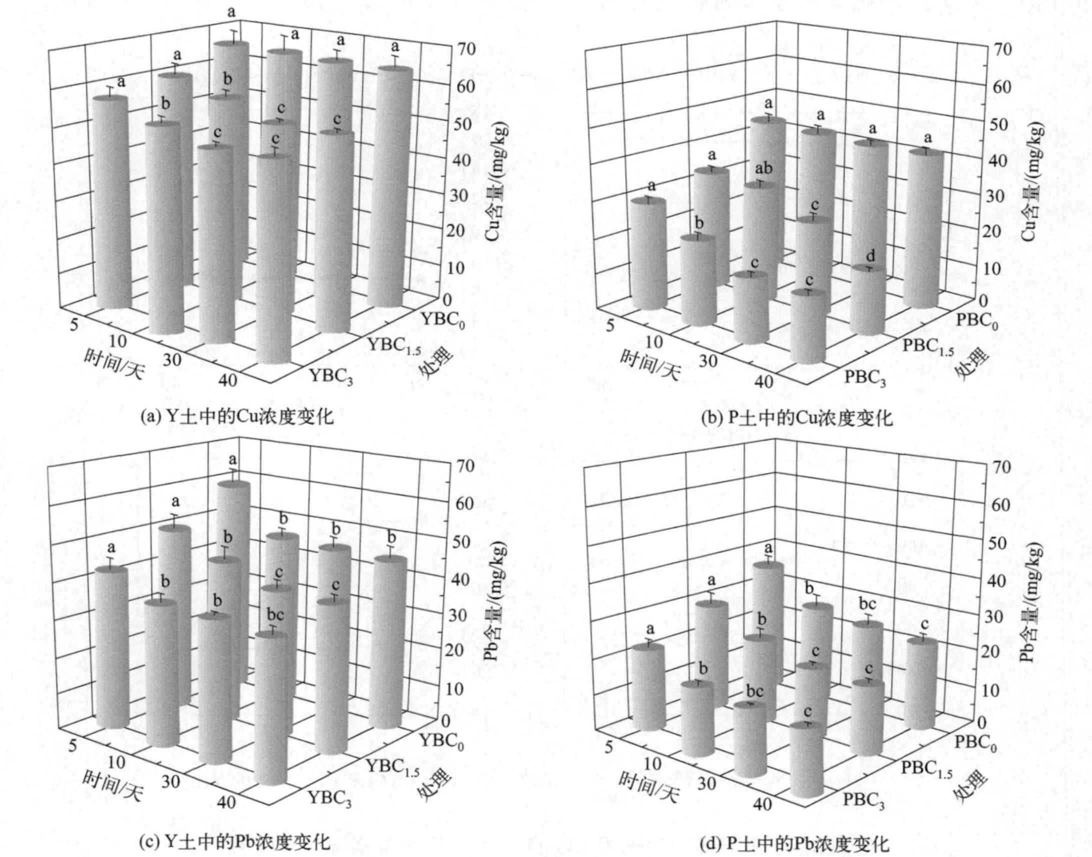

(a) Y土中的Cu浓度变化　(b) P土中的Cu浓度变化

(c) Y土中的Pb浓度变化　(d) P土中的Pb浓度变化

图 8-4 经 BC 处理后的不同土壤中重金属的浓度变化

圆柱体上方的横线代表三次重复试验的标准差，字母代表显著结果两种土壤中生物可利用态 Cu 和 Pb 随培养时间的变化趋势明显不同。结果证明 P 土比 Y 土更容易固定重金属，施用生物炭 40d 时，PBC_3 的固定效率分别为 91.68%（Cu）和 88.54%（Pb），而 YBC_3 的固定效率分别为 74.81%（Cu）和 69.95%（Pb）。土壤 pH 值在加速重金属固定方面起着主要作用，生物炭本身含有一定的碱性物质，可以提高土壤 pH 值。相比之下，添加 BC 的 P 土具有更高的 pH 值和 CEC 值，为 Cu 和 Pb 的双重污染提供了比 Y 土更有利的化学环境，例如沉淀反应和静电吸附。此外，有学者提出土壤 pH 值的升高和配体的引入是最常见的机制，通过形成不溶性沉淀物来降低金属的迁移率。总体而言，与文献报道的其他生物炭对土壤中 Cu 和 Pb 的稳定化效果（表 8-3）相比，本研究中采用碱蚀法制备的生物炭在 3%的施用量下表现出了更好的修复效果。

表 8-3 生物炭修复 Cu 和 Pb 污染土壤相关研究

序号	重金属	生物炭	施加量	浸提剂	有效态下降率
1	Cu	玉米秸秆炭	5%	DTPA	58%
2	Cu	玉米秸秆炭	5%	$CaCl_2$	66.8%
				TCLP	51%
3	Cu	甘蔗渣炭	60 t/ha	柠檬酸	41%
4	Cu	稻壳炭	50 g/kg	DTPA	41.3%
5	Pb	果树炭	3%	DTPA	36.3%
6	Pb	甘蔗秸秆炭	5%	DTPA	50%
7	Pb	蔬菜残渣炭	5%	NH_4OAc	87%
8	Pb	小麦秸秆炭	40 t/ha	DTPA	48.2%
9	Cu	油菜秆炭	3%	TCLP	31%
	Pb				81.7%
10	Cu	稻草秸秆炭	5%	$CaCl_2$	95%～97%
	Pb				93%

8.7.2 土壤中 Cu 和 Pb 形态的分布

为了更详细地了解生物炭改良土壤中重金属形态随时间的变化，图 8-5 展示了连续提取的结果。与未改良的对照土壤相比，添加 BC 有效地稳定了两种土壤中弱酸溶性的 Cu 和 Pb 形态（F_1）。这可以归因于 BC 材料的多孔结构［图 8-2(a)～(d)］有利于相对活性较强的重金属形态的吸附。此外，BC 的碱性也是加速 HMs 固定化的另一个重要原因（表 8-3）。本研究中，BC 的 pH 值为 8.45，添加 BC 后土壤 pH 值升高［图 8-3（a)］，导致碱性盐从生物炭中释放到土壤中。此外，土壤 pH 值的升高导致土壤颗粒中酸性官能团（羟基、羧基等）去质子化，增强了土壤对 Cu 和 Pb 的吸附能力。F_1 组分随时间推移逐渐降低，表明 YBC 和 PBC 中 F_1 组分转变为更稳定的可还原（F_2）、可氧化（F_3）和残留（F_4）组分。另外，施用 BC 后，两种土壤（尤其是 Y 土）中 Cu 和 Pb 的 F_3 组分均显著增加，这与有机质的大幅增加相关［图 8-3（c)］。有机质的存在可以促进重金属的络合和/或螯合，并使其优先与土壤颗粒结合，从而降低 Cu 和 Pb 的溶解度。因此，施用生物炭是固定/稳定土壤中高迁移率重金属并将其转化为无毒或低毒分级的良好方法。

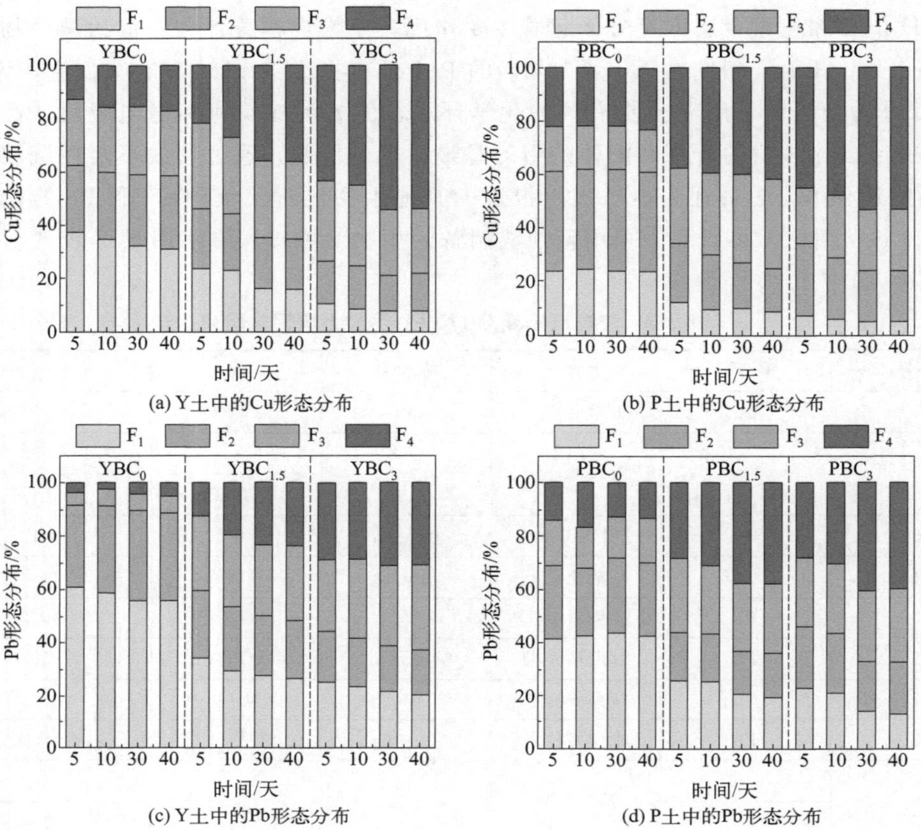

图 8-5　通过连续提取测定的 BC 改良 Y 和 P 土壤中重金属的形态分布

研究发现，生物炭对 P 土中可溶性 Cu 和 Pb 的固定效果优于 Y 土。在老化过程开始时，P 土中 Cu 和 Pb 的 F_1 级分比例分别为 24% 和 41.46%。然而，生物炭可以固定 59.42%～78.63% 的 Cu 和 53.08%～68.99% 的 Pb，40 天后仅留下 5.13% 的 Cu 和 12.86% 的 Pb。尽管如此，Y 土中 Cu 和 Pb 的 F_1 级分仍显著高于 P 土的 1.49～1.59 倍。生物炭在 P 土中修复效果更佳，可能与其较高的 pH 值和 CEC 值有关，这表明其带有更多负电荷，有利于重金属的稳定。此外，先前的研究表明，生物炭表面含氧基团进一步解离，加速了重金属的固定化。生物炭对土壤重金属的修复效果受土壤和生物炭材料性质的影响。

8.8 生物炭改良土壤的机制与启示

两种生物炭改良土壤中 DTPA 溶液提取的生物可利用 Cu 和 Pb 以及 BCR 萃取测定的活性组分均随时间显著降低。虽然土壤系统和重金属的固定机制较为复杂，但在两种不同的土地利用方式下，两种土壤中存在一种主要的固定机制。相关性分析表明，在 Y 土中，DTPA 可提取 HMs（Cu 和 Pb）与 SOM 含量显著相关，而在 P 土中，DTPA 可提取 HMs 与 pH 值和 CEC 值密切相关［图 8-6(a) 和(b)］。

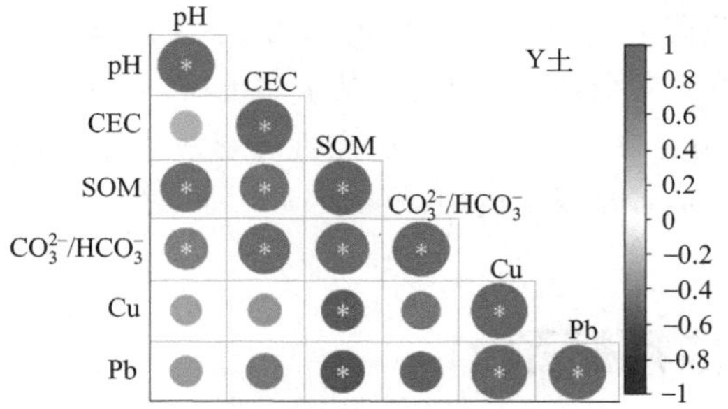

(a)Y土性质与重金属组分相关性分析

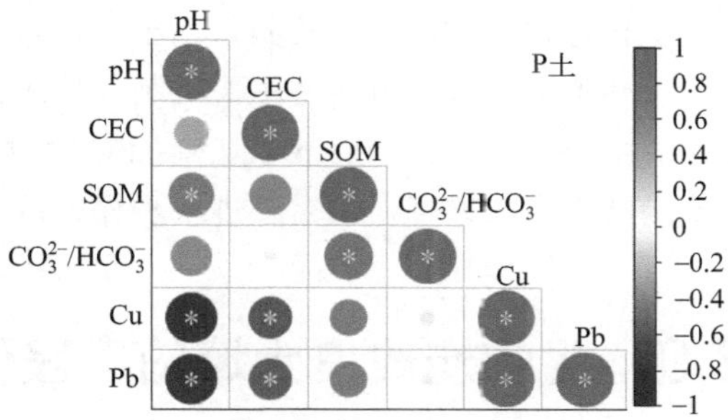

(b)P土性质与重金属组分相关性分析

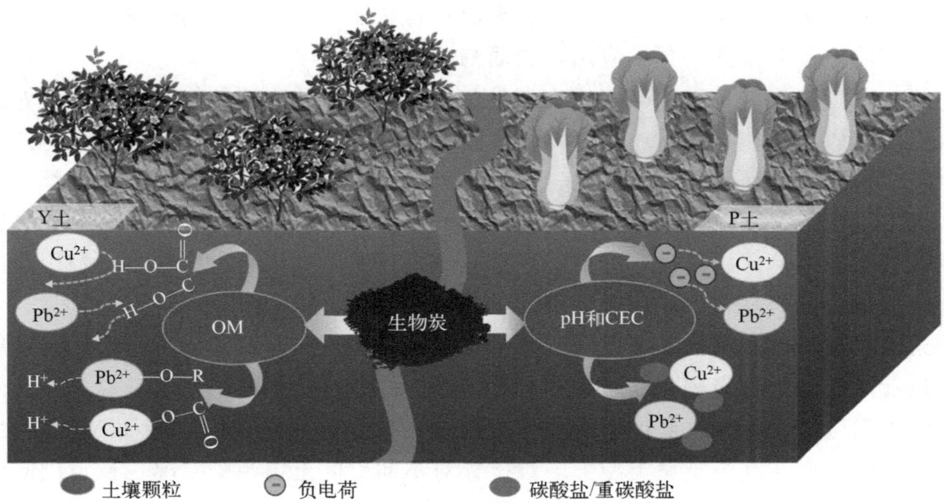

(c)生物炭对不同土壤中重金属的固定机制

图 8-6 土壤性质与重金属组分的相关性分析

显著性水平为 5%，并用 * 符号表示

对于酸性茶园 Y 土，其高有机质很容易通过各种有机官能团（例如羟基、羧基和酚基）以及生物炭诱导的芳香结构上的富 π 电子域捕获可溶性 Cu 和 Pb 离子［图 8-3(c)］。研究发现，Y 土的酸性主要源于碳、氮、硫化合物转化反应中质子（H^+）的释放增加，因此生物炭与质子（H^+）的碱性中和作用，导致更多去质子化的有机功能团暴露出来，进一步加速金属离子（Cu^{2+} 和 Pb^{2+}）与其络合（图 8-6）。与 Y 土不同，P 土本身具有较高的 pH 值和 CEC 值，且施用生物炭后 pH 值和 CEC 值均有所提高，这有利于 Cu^{2+} 和 Pb^{2+} 主要通过碱性静电吸附进行稳定化。此外，在土壤中，生物炭在培养期内的老化过程形成了含氧官能团和亲水表面，从而促进了重金属的吸附。对于两种土壤，生物炭释放的 OH^-、CO_3^{2-} 和 PO_4^{3-} 也促进了 Cu^{2+} 和 Pb^{2+} 的沉淀。因此，研究结果表明，核桃壳生物炭对重金属具有有效的固定作用，但其机制取决于土壤的理化性质，尤其受土地利用的影响［图 8-6 (c)］。

本研究证明茶园和蔬菜土地类型，单次施用生物炭均可提高土壤 pH 值、CEC、SOM 和碳酸盐含量。虽然核桃壳残渣制备的生物炭对降低 Cu 和 Pb 共污染土壤的生物可利用组分有显著作用，但 Cu 和 Pb 的稳定化取决于土壤性质，尤其受土地利用方式的影响。

机理分析表明，茶园黄壤生物炭的添加主要依赖重金属与丰富的有机官能团的络合以及去质子化过程。然而，在菜园紫色土中，表面吸附以及与 Cu 和 Pb 的阳离子交换（即静电、离子、共价或氢键）可能是主要机制。总而言之，本研究表明 SOM 是茶园土壤 Cu 和 Pb 固定化的主要影响因素，而 pH 值和 CEC 值对菜园土壤 Cu 和 Pb 的稳定性有显著贡献。修复试验的结果令人鼓舞，但需要进一步深入研究不同种植季节的原位修复机制。

8.9 生物炭改良土壤的工程化应用瓶颈

尽管两种生物炭在实验室条件下展现出对重庆矿区重金属污染土壤良好的修复潜力，然而从实验室迈向田间大规模应用，仍面临诸多阻碍。

第一，生物炭制备能耗高、成本大是首要难题。目前主流热解制备工艺，如在重庆地区常见的以农作物秸秆、林业废弃物为原料制备生物炭过程中，需维持较高温度（300～700℃）与缺氧环境，能耗巨大。据国内外研究，每制备 1t 生物炭，能耗成本可达 1000～2000 元。且重庆矿区地形复杂，运输不便，原料收集与产品运输成本进一步增加。以重庆渝西煤矿区为例，周边村落分散，原料收集半径大，运输至集中制备点费用高昂，导致生物炭到田成本居高不下，限制大规模推广。

第二，生物炭质量的稳定性与一致性难以保障。不同原料（如玉米秸秆、木屑、稻壳等）热解产生的生物炭理化性质差异大。即便同一原料，热解温度、升温速率、停留时间等制备参数微小变化，也会使生物炭孔隙结构、比表面积、表面官能团等关键性质波动。在重庆多变气候与复杂土壤类型下，难以针对不同矿区土壤污染状况，稳定供应适配的生物炭产品。例如，渝东南与渝西矿区土壤酸碱度、黏土矿物含量不同，所需生物炭的表面电荷、吸附特性不同，实际生产中难以精准调控生物炭质量以满足多样化需求。

第三，生物炭田间长期稳定性存疑。实验室短期试验（数月）显示生物炭可有效降低重金属生物有效性，但田间实际环境复杂，生物炭易受微生物分解、雨水淋溶、干湿交替等因素影响。有研究表明，热带湿润地区，生物炭施入土壤 1～2 年后，部分结构开始分解，表面官能团变化，导致其对重金属吸附、固定能力下降。重庆地区夏季高温多雨，生物炭在土壤中结构与功能能否长期稳定维持，尚缺乏长期（5～10 年）田间定位监测数据支撑。一旦生物炭稳定性不足，前期修复效果可能随时间减弱，需反复投入生物炭，进一步增加修复成本与操作难度。

此外，生物炭工程化应用还面临技术标准与规范缺失问题。目前，国内对生物炭在土壤修复领域应用的产品质量标准、施用量、施用方法等缺乏统一规范。不同企业、科研团队制备的生物炭质量参差不齐，农民与修复工程人员在实际操作中无所适从。在重庆矿区土壤修复项目中，因缺乏标准指导，生物炭施用量从 $1000kg/hm^2$ 到 $5000kg/hm^2$ 不等，修复效果差异大，难以形成可复制、可推广的工程化应用模式。

综上所述，要实现生物炭在重庆矿区土壤修复的大规模工程化应用，需在降低制备成本、稳定产品质量、明确长期稳定性及建立技术标准等方面开展深入研究与实践探索，以突破当前应用瓶颈。

参考文献

[1] 安定明．矿山尾砂土壤重金属污染及形态分析 [J]．矿冶工程，2020，40 (4)：110-113.

[2] 毕银丽，郭晨，王坤．煤矿区复垦土壤的生物改良研究进展 [J]．煤炭科学技术，2020，48 (4)：52-59.

[3] 陈亮，姜苹红，陈灿．不同类型蔬菜中 7 种重金属含量差异及人体健康风险 [J]．环境科学与技术，2021，44 (S2)：366-375.

[4] 代静，司万童，赵雪波，等．稀土尾矿库周边湿地土壤养分的垂直分布特征 [J]．环境工程，2016，12：158-161，166.

[5] 方瑛，马任甜，安韶山，等．黑岱沟露天煤矿排土场不同植被复垦土壤酶活性及理化性质研究 [J]．环境科学，2016，37 (3)：1121-1127.

[6] 关松荫，张德生，张志明．土壤酶及其研究方法 [M]．北京：农业出版社，1986.

[7] 韩瑞杰，求瑞娟，任逸晨，等．尾矿库湿地重金属污染的生物富集特征及风险评价 [J]．生态与农村环境学报，2019，35 (1)：22-27.

[8] 郝佳丽，白文斌，贾峥嵘，等．As 对甜高粱种子萌发及幼苗生理的影响及评价 [J]．山西农业大学学报（自然科学版），2021，41 (6)：99-107.

[9] 胡炳南，郭文砚．我国采煤沉陷区现状、综合治理模式及治理建议 [J]．煤矿开采，2018，23 (2)：1-4.

[10] 黄涛，刘菊梅，彭琴，等．重金属复合污染场地对花背蟾蜍雄性性腺的毒性作用 [J]．环境工程，2020，38 (06)：35-39，74.

[11] 黄涛，求瑞娟，兰宗宝，等．稀土尾矿库渗漏水污染对花背蟾蜍胚后发育的毒性作用 [J]．南方农业学报，2019，50 (2)：412-417.

[12] 黄钟霆，易盛炜，陈贝贝，等．典型锰矿区周边农田土壤-农作物重金属污染特征及生态风险评价 [J]．环境科学，2022，43 (02)：975-984.

[13] 李欢，魏雅丽，闫帮国，等．元谋干热河谷沟蚀地区植被恢复对土壤养分和酶活性的影响 [J]．土壤通报，2020，51 (5)：1118-1126.

[14] 李武江，朱四喜，王众，等．西南山地采煤迹地耕地土壤-农作物重金属富集及健康风险评价 [J]．中国无机分析化学，2021，11 (05)：22-30.

[15] 李学良，杜亚敏，郭鑫，等．采煤沉陷区动态预复垦理论分析及工程实践 [J]．矿业安全与环保，2023，50 (1)：86-91.

[16] 刘菊梅，曹博，石春芳，等．紫花苜蓿根际效应对河套灌区土壤的脱盐增肥作用机制 [J]．南方农业学报，2018，49 (2)：246-252.

[17] 刘顺，刘喜帅，朱新传，等．陈山红心杉土壤养分、酶活性的根际效应及肥力评价 [J]．植物营养与肥料学报，2017，23 (2)：492-501.

[18] 刘玉槐，魏晓梦，魏亮，等．水稻根际和非根际土磷酸酶活性对碳、磷添加的响应 [J]．中国农业科学，2018，51 (9)：1653-1663.

[19] 陆凤，陈淼，陈兰兰．贵州松桃某电解锰企业锰渣重金属污染特征及对植物生长的毒性效应 [J]．科学技术与工程，2018，18 (5)：124-129.

[20] 贾艳丽，郝春明，刘敏，等．锑矿区土壤和蔬菜重金属污染及健康风险评价 [J]．科学技术与工程，2022，22 (7)：2943-2949.

[21] 李丽杰，贺敏，贺银凤，等．酵母菌对重金属的吸附与抗性和解毒重金属的胞内分子机制研究进展 [J]．食品科学，2019，40 (3)：330-337.

[22] 卢楠．重金属 Cd、Pb 复合污染对植物生理生化和细胞结构影响的研究进展 [J]．现代农业科技，2019 (8)：176-177.

[23] 赫丽飞，周仲乐，马春婕，等．植物铜转运蛋白结构、功能及调控机制 [J]．中国细胞生物学学报，2022，44 (12)：2411-2420.

[24] 任艳霞，周俊杰，毕捷，等．渝西某采煤迹地土壤重金属污染程度及其特征分析［J］．南方农业学报，2021，52（7）：1905-1911.

[25] 尚斌，李德成，徐宜民，等．武陵山烤烟产区土壤有机质与 pH 特征研究［J］．土壤通报，2015，46（3）：590-596.

[26] 司万童，代静，赵雪波，等．稀土尾矿库湿地土壤重金属污染生态风险评价［J］．人民黄河，2017，39（8）：71-75，89.

[27] 司万童，蒋海明，栗利曼，等．花背蟾蜍性腺抗氧化酶对稀土尾矿库污染胁迫的响应［J］．生态毒理学报，2017，12（2）：209-215.

[28] 汤阳泽．外生菌根真菌对镉的耐性机理及镉污染土壤的植物-微生物修复效应探究［D］．南京：南京农业大学，2018.

[29] 王迪华，王改玲，樊存虎．镉胁迫对小白菜种子萌发、生理特性及其镉积累的影响［J］．中国瓜菜，2021，34（9）：80-83.

[30] 涂春艳，陈婷婷，廖长君，等．矿区农田蔬菜重金属污染评价和富集特征研究［J］．农业环境科学学报，2020，39（8）：1713-1722.

[31] 王迪华，王改玲，樊存虎，等．镉胁迫对小白菜种子萌发、生理特性及其镉积累的影响［J］．中国瓜菜，2021，34（9）：80-83.

[32] 邢淑萍，陈保冬，郝志鹏，等．根际微生物增强宿主植物耐铬能力生理机制研究进展［J］．生态毒理学报，2021，16（1）：2-14.

[33] 杨帆，袁隆湖，黎一夫，等．湖南省主要水系底泥重金属污染特征及其生态风险评价［J］．生态学报，2022，42（5）：1934-1946.

[34] 袁浩，卢梦涵，刘宏伟，等．矿区复合污染土壤真菌多样性及其对稀土-重金属离子的吸附特征［J］．微生物学报，2019，59（12）：2334-2345.

[35] 袁建梅，杨德敏，郭呈宇，等．重庆市煤矿区土壤重金属污染评价研析［J］．环境影响评价，2019，41（2）：58-62.

[36] 张浩，王辉，汤红妍，等．铅锌尾矿库土壤和蔬菜重金属污染特征及健康风险评价［J］．环境科学学报，2020，40（3）：1085-1094.

[37] 张丽娜，许丽，杨宇平，等．乌海矿区排矸场土壤酶活性及其与土壤养分的关系研究［J］．内蒙古农业大学学报（自然科学版），2020，41（6）：46-51.

[38] 郑武扬，王艳霞，王月江，等．石漠化治理区不同优势树种根际土壤酶活性与土壤理化性质和微生物数量的关系［J］．东北林业大学学报，2021，49（1）：96-100.

[39] Abhishek K，Shrivastava A，Vimal V，et al. Biochar application for greenhouse gas mitigation，contaminants immobilization and soil fertility enhancement：A state-of-the-art review［J］．Science of the Total Environment，2022，853：158562.

[40] Ahmed T，Noman M，Rizwan M，et al. Recent progress on the heavy metals ameliorating potential of engineered nanomaterials in rice paddy：a comprehensive outlook on global food safety with nanotoxicitiy issues［J］．Critical Reviews in Food Science and Nutrition，2023，63：2672-2686.

[41] Azhar U，Ahmad H，Shafqat H，et al. Remediation techniques for elimination of heavy metal pollutants from soil：A review［J］．Environmental Research，2022，214：113918.

[42] Bi Y，Xie L，Wang J，et al. Impact of host plants，slope position and subsidence on arbuscular mycorrhizal fungal communities in the coal mining area of north-central China［J］．Journal of Arid Environments，2019，163：68-76.

[43] Bolan N，Sarmah A K，Bordoloi S，et al. Soil acidification and the liming potential of biochar［J］．Environmental Pollution，2023，317：120632.

[44] Cacal D M，Santos A R，Hipolito M C，et al. Productivity of inbred rice applied with biochar under different planting distances［J］．Asian Journal of Agriculture and Rural Development，2023，13（3）：192-205.

[45] Chen D，Yu X，Song C，et al. Effect of pyrolysis temperature on the chemical oxidation stability of bamboo biochar［J］．Bioresource Technology，2016，218：1303-1306.

[46] Chen L, Guo L, Zhou Q, et al. Response of soil fertility and Cu and Cd availability to biochar application on paddy soils with different acidification levels [J]. Biomass Conversion and Biorefinery, 2022, 12: 1493-1502.

[47] Corrêa R S, Baldudíno A P, Teza C T, et al. Vegetation cover development resulting from different restoration approaches of exploited mines [J]. Floresta e Ambiente, 2018, 25: e20171116.

[48] Feng Y, Wang J, Bai Z, et al. Effects of surface coal mining and land reclamation on soil properties: a review [J]. Earth Science Reviews, 2019, 191: 12-25.

[49] Gao R, Hu H, Fu Q, et al. Remediation of Pb, Cd, and Cu contaminated soil by co-pyrolysis biochar derived from rape straw and orthophosphate: Speciation transformation, risk evaluation and mechanism inquiry [J]. Science of the Total Environment, 2020, 730: 139119.

[50] Gao Y, Wu P, Jeyakumar P, et al. Biochar as a potential strategy for remediation of contaminated mining soils: Mechanisms, applications, and future perspectives [J]. Journal of Environmental Management, 2022, 313: 114973.

[51] Gianfreda L. Enzymes of importance to rhizosphere processes [J]. Journal of Soil Science & Plant Nutrition, 2015, 15 (2): 283-306.

[52] Glukhova L B, Frank Y A, Danilova E V, et al. Isolation, characterization, and metal response of novel, acid-tolerant Penicillium spp. from extremely metal-rich waters at a mining site in Transbaikal (Siberia, Russia) [J]. Microbial Ecology, 2018, 76 (4): 911-924.

[53] Gong H, Zhao L, Rui X, et al. A review of pristine and modified biochar immobilizing typical heavy metals in soil: Applications and challenges [J]. Journal of Hazardous Materials, 2022, 432: 128668.

[54] Gong X W, Liu CJ, Li J, et al. Responses of rhizosphere soil properties, enzyme activities and microbial diversity to intercropping patterns on the Loess Plateau of China [J]. Soil and Tillage Research, 2019, 195: 104355.

[55] Gonzaga M I S, Mackowiak C, De Almeida A Q, et al. Assessing biochar applications and repeated Brassica juncea L. production cycles to remediate Cu contaminated soil [J]. Chemosphere, 2018, 201: 278-285.

[56] Gururajan K, Belur P D. Screening and selection of indigenous metal tolerant fungal isolates for heavy metal removal [J]. Environmental Technology & Innovation, 2017, 11: 91-99.

[57] He L, Zhong H, Liu G, et al. Remediation of heavy metal contaminated soils by biochar: Mechanisms, potential risks and applications in China [J]. Environmental Pollution, 2019, 252: 846-855.

[58] He X Y, Zheng C L, Sui X, et al. Biological Damage to SD Rat by Excessive Anions Contaminated Groundwater from Rare Earth Metal Tailings Ponds Seepage [J]. Journal of Cleaner Production, 2018, 185: 523-532.

[59] Hossain M Z, Bahar M M, Sarkar B, et al. Biochar and its importance on nutrient dynamics in soil and plant [J]. Biochar, 2020, 2: 379-420.

[60] Hussain R, Luo K. Impact of the coal mining-contaminated soil on the food safety in Shaanxi, China [J]. Environmental Geochemistry and Health, 2019, 2 (11): 1-24.

[61] Igalavithana A D, Kwon E E, Vithanage M, et al. Soil lead immobilization by biochars in short-term laboratory incubation studies [J]. Environment International, 2019, 127: 190-198.

[62] Jiang C F, Gao X B, Hou B J, et al. Occurrence and environmental impact of coal mine goaf water in karst areas in China [J]. Journal of Cleaner Production, 2020, 275: 123813.

[63] Jia T, Cao M W, Jing J H, et al. Endophytic fungi and soil microbial community characteristics over different years of phytoremediation in a copper tailings dam of Shanxi, China [J]. Science of the Total Environment, 2017, 574: 881-888.

[64] Jia T, Wang R H, Fan X H, et al. A comparative study of fungal community structure, diversity and richness between the soil and the phyllosphere of native grass species in a copper tailings dam in Shanxi Province, China [J]. Applied Sciences, 2018, 8 (8): 1297.

[65] Ji M, Wang X, Usman M, et al. Effects of different feedstocks-based biochar on soil remediation: A review [J]. Environmental Pollution, 2022, 294: 118655.

[66] Kim H B, Kim J G, Kim T, et al. Interaction of biochar stability and abiotic aging: Influences of pyrolysis reac-

tion medium and temperature [J]. Chemical Engineering Journal, 2021, 411: 128441.

[67] Kulikowska D, Gusiatin Z M, Bułkowska K, et al. Feasibility of using humic substances from compost to remove heavy metals (Cd, Cu, Ni, Pb, Zn) from contaminated soil aged for different periods of time [J]. Journal of Hazardous Materials, 2015, 300: 882-891.

[68] Kumar P, Kumar A, Patil M, et al. Herbaceous vegetation under planted woody species on coal mine spoil acts as a source of organic matter [J]. Acta Oecologica, 2022, 114: 103809.

[69] Lazaridou E, Giannopoulou C, Fotiadou C, et al. The potential role of microorganisms in the development of rosacea [J]. Journal Der Deutschen Dermatologischen Gesellschaft, 2011, 9 (1): 21-25.

[70] Learman D R, Ahmad Z, Brookshier A, et al. Comparative genomics of 16 Microbacterium spp. that tolerate multiple heavy metals and antibiotics [J] . Peer J, 2019, 6: e6258.

[71] Li J J, Zhou X M, Yan J X, et al. Effects of regenerating vegetation on soil enzyme activity and microbial structure in reclaimed soils on a surface coal mine site [J]. Applied Soil Ecology, 2015, 87: 56-62.

[72] Li Y, Yuan L, Xue S, et al. Artificial root exudates excite bacterial nitrogen fixation in the subsurface of mine soils [J]. Applied Soil Ecology, 2021, 157: 103774.

[73] Lin H, Liu CJ, Li B, et al. Trifolium repens L. regulated phytoremediation of heavy metal contaminated soil by promoting soil enzyme activities and beneficial rhizosphere associated microorganisms [J]. Journal of Hazardous Materials, 2021, 402: 123829.

[74] Liu J, Yao J, Wang F, et al. Bacterial diversity in typical abandoned multi-contaminated nonferrous metal (loid) tailings during natural attenuation [J]. Environmental Pollution, 2019, 247: 98-107.

[75] Liu J M, Cao W W, Cui J, et al. Impact of compound pollution on ammonia oxidizer communities in soils in the vicinity of a rare earth mine tailings [J]. Bulletin of Environmental Contamination and Toxicology, 2018, 101 (1): 110-116.

[76] Liu Y, Gao C, Wang Y, et al. Vermiculite modification increases carbon retention and stability of rice straw biochar at different carbonization temperatures [J]. Journal of Cleaner Production, 2020, 254: 120111.

[77] Liu J M, Cao W W, Jiang H M, et al. Impact of heavy metal pollution on ammonia oxidizers in soils in the vicinity of a tailings dam, Baotou, China [J]. Bulletin of Environmental Contamination and Toxicology, 2018, 101 (1): 110-116.

[78] Lu K, Yang X, Gielen G, et al. Effect of bamboo and rice straw biochars on the mobility and redistribution of heavy metals (Cd, Cu, Pb and Zn) in contaminated soil [J]. Journal of Environmental Management, 2017, 186: 285-292.

[79] Martins W B, Lima M D, Junior U D, et al. Ecological methods and indicators for recovering and monitoring ecosystems after mining: a global literature review [J]. Ecological Engineering, 2020, 145: 105707.

[80] Michiel O D B, Lievens B, Busschaert P, et al. Impact of metal pollution on fungal diversity and community structures [J]. Environmental Microbiology, 2015, 17 (6): 2035-2047.

[81] Munera-Echeverri J L, Martinsen V, Strand L T, et al. Cation exchange capacity of biochar: An urgent method modification [J]. Science of the Total Environment, 2018, 642: 190-197.

[82] Natasha N, Shahid M, Khalid S, et al. Influence of biochar on trace element uptake, toxicity and detoxification in plants and associated health risks: A critical review [J]. Critical Reviews in Environmental Science and Technology, 2022, 52: 2803-2843.

[83] Ojuederie O B, Babalola O O. Microbial and plant-assisted bioremediation of heavy metal polluted environments: a review [J]. International Journal of Environmental Research & Public Health, 2017, 14 (12): 1504.

[84] Palansooriya K N, Li J, Dissanayake P D, et al. Prediction of Soil Heavy Metal Immobilization by Biochar Using Machine Learning [J]. Environmental Science & Technology, 2022, 56: 4187-4198.

[85] Palas S, Hyungjoon I, Joorim N, et al. Ecological risk assessment of a contaminated stream using multi-level integrated biomarker response in Carassius auratus [J]. Environmental Pollution, 2018, 233: 429-438.

[86] Patra D K, Acharya S, Pradhan C, et al. Poaceae plants as potential phytoremediators of heavy metals and eco-

restoration in contaminated mining sites [J]. Environmental Technology & Innovation, 2021, 21: 101293.

[87] Puga A P, Abreu C A, Melo L C A, et al. Biochar application to a contaminated soil reduces the availability and plant uptake of zinc, lead and cadmium [J]. Journal of Environmental Management, 2015, 159: 86-93.

[88] Rafiee P. Determination of heavy metal pollution products, vegetable gardens Ardabil [J]. Journal of Research in Science, Engineering and Technology, 2018, 6: 6-13.

[89] Rio-Salas R D, Yessi A R, René L P, et al. Mineralogy and geochemistry of rural road dust and nearby mine tailings: a case of ignored pollution hazard from an abandoned mining site in semi-arid zone [J]. Natural Resources Research, 2019, 11: 1-19.

[90] Ruta L L, Lin Y F, Kissen R, et al. Anchoring plant metallothioneins to the inner face of the plasma membrane of Saccharomyces cerevisiae cells leads to heavy metal accumulation [J]. Plos One, 2017, 12 (5): e0178393.

[91] Saravanana A, Jeevananthama S, Narayanana V A, et al. Rhizoremediation-a promising tool for the removal of soil contaminants: A review [J]. Journal of Environmental Chemical Engineering, 2020, 8: 103543.

[92] Sheng Y, Zhan Y, Zhu L. Reduced carbon sequestration potential of biochar in acidic soil [J]. Science of the Total Environment, 2016, 572: 129-137.

[93] Shi Y T, Feng Y, Wang J M, et al. Optimal allocation of technical reclamation and ecological restoration for a cost-effective solution in Pingshuo Opencast Coal Mine area of China [J]. Journal of Environmental Management, 2025, 373: 123951.

[94] Si W T, He X Y, Li A L, et al. Application of an Integrated Biomarker Response Index to Assess Ground Water Contamination in the Vicinity of a Rare Earth Mine Tailings Site [J]. Environmental Science and Pollution Research, 2016, 23 (17): 17345-17356.

[95] Si W T, Liu J M, Cai L, et al. Health risks of metals in contaminated farmland soils and spring wheat irrigated with Yellow River water in Baotou, China [J]. Bulletin of Environmental Contamination and Toxicology, 2015, 94: 214-219.

[96] Si W T, Zhang W Y, Lv Y, et al. Heavy metal removal in a constructed wetland and benefits for the development of the toad Bufo raddei [J]. Polish Journal of Environmental Studies, 2014, 23 (6): 2207-2215.

[97] Sun W, Xiao E, Krumins V, et al. Characterization of the microbial community composition and the distribution of Fe-metabolizing bacteria in a creek contaminated by acid mine drainage [J]. Applied Microbiology & Biotechnology, 2016, 100 (19): 1-13.

[98] Zhang L, Liu X, Tang Q, et al. Lead pollution and isotope tracing of surface sediments in the Huainan Panji coal mining subsidence area, Anhui, China [J]. Bulletin of Environmental Contamination and Toxicology, 2019, 20: 1-6.

[99] Tu C, Wei J, Guan F, et al. Biochar and bacteria inoculated biochar enhanced Cd and Cu immobilization and enzymatic activity in a polluted soil [J]. Environment International, 2020, 137: 105576.

[100] Upadhyay N, Verma S, Singh A P, et al. Soil ecophysiological and microbiological indices of soil health: a study of coal mining site in sonbhadra, uttar Pradesh [J]. Journal of soil science and plant nutrition, 2016, 16 (3): 778-800.

[101] Wang M, Zhu Y, Cheng L, et al. Review on utilization of biochar for metal-contaminated soil and sediment remediation [J]. Journal of Environmental Sciences, 2018, 63: 156-173.

[102] Wang P, Shen F, Xu Y, et al. Sustainable biochar effects on the remediation of contaminated soil: A 2-crop season site practice near a lead-zinc smelter in Feng County, China [J]. Environmental Pollution, 2022, 302: 119095.

[103] Wang Y, Zheng K, Zhan W, et al. Highly effective stabilization of Cd and Cu in two different soils and improvement of soil properties by multiple-modified biochar [J]. Ecotoxicology and Environmental Safety, 2021, 207: 111294.

[104] Wang Z G, Zhang P X, Shao Y T, et al. Molecular Cloning and the Expression Pattern of a Phospholipid Hydroperoxide Glutathione Peroxidase in Kalidium foliatum under NaCl Treatment [J]. Russian Journal of Plant

Physiology, 2020, 67 (4): 750-757.

[105] Wei J, Tu C, Yuan G, et al. Assessing the effect of pyrolysis temperature on the molecular properties and copper sorption capacity of a halophyte biochar [J]. Environmental Pollution, 2019, 251: 56-65.

[106] Wu B H, Peng H, Sheng M P, et al. Evaluation of phytoremediation potential of native dominant plants and spatial distribution of heavy metals in abandoned mining area in Southwest China [J]. Ecotoxicology and Environmental Safety, 2021, 220: 112368.

[107] Wu J, Li Z, Huang D, et al. A novel calcium-based magnetic biochar is effective in stabilization of arsenic and cadmium co-contamination in aerobic soils [J]. Journal of Hazardous Materials, 2020, 387: 122010.

[108] Yang F, Wang B, Shi Z, et al. Immobilization of heavy metals (Cd, Zn, and Pb) in different contaminated soils with swine manure biochar [J]. Environmental Pollution and Bioavailability, 2021, 33: 55-65.

[109] Yang T, Xu Y, Huang Q, et al. An efficient biochar synthesized by iron-zinc modified corn straw for simultaneously immobilization Cd in acidic and alkaline soils [J]. Environmental Pollution, 2021, 291: 118129.

[110] Yang X, Liu J, McGrouther K, et al. Effect of biochar on the extractability of heavy metals (Cd, Cu, Pb, and Zn) and enzyme activity in soil [J]. Environmental Science and Pollution Research, 2016, 23: 974-984.

[111] Ye S, Zeng G, Wu H, et al. Co-occurrence and interactions of pollutants, and their impacts on soil remediation-A review [J]. Critical Reviews in Environmental Science and Technology, 2017, 47: 1528-1553.

[112] Yousef S Xiao, R, Wang P, et al. Effects of crop straw and its derived biochar on the mobility and bioavailability in Cd and Zn in two smelter-contaminated alkaline soils [J]. Ecotoxicology and Environmental Safety, 2019, 181: 155-163.

[113] Yuan C, Gao B, Peng Y, et al. A meta-analysis of heavy metal bioavailability response to biochar aging: Importance of soil and biochar properties [J]. Science of The Total Environment, 2021, 756: 144058.

[114] Zhao Y P, Wu L K, Chu L X, et al. Interaction of Pseudostellaria heterophylla with Fusarium oxysporum f. sp. heterophylla mediated by its root exudates in a consecutive monoculture system [J]. Scientific Reports, 2015, 5: 8197.

[115] Zhang J, Li H, Zhou Y, et al. Bioavailability and soil-to-crop transfer of heavy metals in farmland soils: A case study in the Pearl river delta, South China [J]. Environmental Pollution, 2018, 235: 710-719.

[116] Zhang W Y, Sun H, Su R, et al. Fat rather than health-Ecotoxic responses of Bufo raddei to environmental heavy metal stress during the non-breeding season [J]. Ecotoxicology and Environmental Safety, 2022, 244: 114040.

[117] Zheng L, Liu X, Tang Q, et al. Lead pollution and isotope tracing of surface sediments in the Huainan Panji coal mining subsidence area, Anhui, China [J]. Bulletin of Environmental Contamination and Toxicology, 2019, 20: 1-6.

[118] Zhou H, Yang W T, Zhou X, et al. Accumulation of heavy metals in vegetable species planted in contaminated soils and the health risk assessment [J]. International Journal of Environmental Research and Public Health, 2016, 13 (3): 289.

[119] Zhu B, Zhou Jun, Du B, et al. The bioavailability and contribution of the newly deposited heavy metals (copper and lead) from atmosphere to rice (*Oryza sativa* L.) [J]. Journal of Hazardous Materials, 2020, 384: 121285.

[120] Zhu Y, Guan Q, Kong L, et al. Overlooked mechanism of Pb immobilization on montmorillonite mediated by dissolved organic matter in manure compost [J]. Environmental Pollution, 2023, 316: 120706.

[121] Peng Q, Wang P, Yang C, et al. Remediation effect of walnut shell biochar on Cu and Pb co-contaminated soils in different utilization types [J]. Journal of Environmental Management, 2024, 362: 121322.